彩图 1-1　河蟹

彩图 3-1　亲蟹暂养

彩图 4-1　温棚培育蟹苗

彩图 5-1　蟹池

彩图 5-2　需要清淤的蟹池

彩图 5-3　优质水草

彩图 5-4　水浮莲

彩图 5-5　适合河蟹生长的合理水草

彩图 5-6　性早熟的小老蟹

彩图 5-7　青苔水

彩图 5-8　不能养蟹的底质

彩图 5-9　铁壳蟹

彩图 5-10　微孔增氧养殖河蟹

彩图 5-11　鲌鱼

彩图 5-12　鳜鱼

彩图 5-13　罗非鱼

彩图 5-14　青虾

彩图 5-15　南美白对虾

彩图 5-16　沙塘鳢

彩图 5-17　黄颡鱼

彩图 6-1　养殖池内充足的水草

彩图 6-2　轮叶黑藻

彩图 7-1　导致河蟹生病的泥皮水

彩图 7-2　病蟹

彩图 7-3　河蟹纤毛虫

彩图 7-4　刚刚病死的河蟹

彩图 7-5　蟹池干塘后的曝晒

彩图 7-6　步足溃疡

彩图 7-7　甲壳溃疡

彩图 7-8　患病河蟹

彩图 7-9　刚蜕下的壳

彩图 7-10　刚蜕下壳的软壳蟹

# 高效养蟹

占家智　羊　茜　编著

机 械 工 业 出 版 社

本书主要介绍了池塘精养河蟹、池塘微孔增氧养殖河蟹、稻田养蟹、湖泊网围养蟹、河沟养殖河蟹、河蟹生态立体混养与套养技术,水草的栽培与养护,河蟹病虫害防治等内容。本书内容系统全面、密切联系生产实际,讲解通俗易懂、图文并茂,并配有"提示""注意"等小栏目,使之在生产中更具可操作性,让读者一看就懂、一学就会。

本书适合全国各地河蟹养殖区的养殖户、水产技术人员使用,也可作为农业院校相关专业师生的参考用书。

## 图书在版编目(CIP)数据

高效养蟹/占家智,羊茜编著 . —北京:机械工业出版社,2015.1
(2024.9 重印)
(高效养殖致富直通车)
ISBN 978-7-111-48092-1

Ⅰ.①高… Ⅱ.①占… ②羊… Ⅲ.①养蟹 – 淡水养殖 Ⅳ.①S966.16

中国版本图书馆 CIP 数据核字(2014)第 222995 号

机械工业出版社(北京市百万庄大街22号 邮政编码100037)
总 策 划:李俊玲 张敬柱 策划编辑:郎 峰 高 伟
责任编辑:郎 峰 高 伟 李俊慧 版式设计:赵颖喆
责任校对:王 欣 责任印制:邰 敏
三河市宏达印刷有限公司印刷
2024 年 9 月第 1 版第 10 次印刷
140mm×203mm · 7.625 印张 · 209 千字
标准书号:ISBN 978-7-111-48092-1
定价:29.80 元

电话服务 网络服务
客服电话:010-88361066 机 工 官 网:www.cmpbook.com
　　　　　010-88379833 机 工 官 博:weibo.com/cmp1952
　　　　　010-68326294 金 书 网:www.golden-book.com
**封底无防伪标均为盗版** 机工教育服务网:www.cmpedu.com

# 高效养殖致富直通车
## 编审委员会

**主　　任**　赵广永

**副 主 任**　何宏轩　朱新平　武　英　董传河

**委　　员**（按姓氏笔画排序）

|  |  |  |  |  |  |
|---|---|---|---|---|---|
| 丁　雷 | 刁有江 | 马　建 | 马玉华 | 王凤英 | 王自力 |
| 王会珍 | 王凯英 | 王学梅 | 王雪鹏 | 占家智 | 付利芝 |
| 朱小甫 | 刘建柱 | 孙卫东 | 李和平 | 李学伍 | 李顺才 |
| 李俊玲 | 杨　柳 | 吴　琼 | 谷风柱 | 邹叶茂 | 宋传生 |
| 张中印 | 张素辉 | 张敬柱 | 陈宗刚 | 易　立 | 周元军 |
| 周佳萍 | 赵伟刚 | 郎跃深 | 南佑平 | 顾学玲 | 徐在宽 |
| 曹顶国 | 程世鹏 | 熊家军 | 樊新忠 | 戴荣国 | 魏刚才 |

**秘 书 长**　何宏轩

**秘　　书**　郎　峰　高　伟

# 序

　　改革开放以来，我国养殖业发展非常迅速，肉、蛋、奶、鱼等产品产量稳步增加，在提高人民生活水平方面发挥着越来越重要的作用。同时，从事各种养殖业也已成为农民脱贫致富的重要途径。近年来，我国经济的快速发展为养殖业提出了新要求，以市场为导向，从传统的养殖生产经营模式向现代高科技生产经营模式转变，安全、健康、优质、高效和环保已成为养殖业发展的既定方向。

　　针对我国养殖业发展的迫切需要，机械工业出版社坚持高起点、高质量、高标准的原则，组织全国 20 多家科研院所的理论水平高、实践经验丰富的专家学者、科研人员及一线技术人员编写了这套"高效养殖致富直通车"丛书，范围涵盖了畜牧、水产及特种经济动物的养殖技术和疾病防治技术等。

　　丛书应用了大量生产现场图片，形象直观，语言精练、简洁，深入浅出，重点突出，篇幅适中，并面向产业发展需求，密切联系生产实际，吸纳了最新科研成果，使读者能科学、快速地解决养殖过程中遇到的各种难题。丛书表现形式新颖，大部分图书采用双色印刷，设有"提示""注意"等小栏目，配有一些成功养殖的典型案例，突出实用性、可操作性和指导性。

　　丛书针对性强，性价比高，易学易用，是广大养殖户和相关技术人员、管理人员不可多得的好参谋、好帮手。

　　祝大家学用相长，读书愉快！

中国农业大学动物科技学院

# 前　言

　　河蟹肉鲜味美，历来为人所称赞，东坡居士有诗为证："不到庐山辜负目，不食螃蟹辜负腹。"它以丰富的营养、独特的风味而享誉海内外。

　　河蟹是中国的特产，也是人们特别喜爱的水产品，目前它已经成为全国重要的水产养殖品种。随着自然资源的日益减少，河蟹的人工养殖也日趋走向高潮。为了帮助广大农民朋友掌握最新的河蟹养殖技术，我们组织编写了本书。由于河蟹是在淡水中生长，在咸水中繁殖，因此人工繁殖河蟹需要特别的水资源和相应的技术，本书重点介绍了河蟹的仔幼蟹培育、成蟹养殖技术和河蟹的病虫害防治，还兼顾了河蟹饲料的供应及水草的种植技术，对河蟹的运输也做了一定的介绍。

　　本书的一个重要特点就是对养殖技术的介绍比较全面实用，包括池塘精养河蟹、池塘微孔增氧养殖河蟹、稻田养蟹、湖泊网围养蟹、河沟养殖河蟹、河蟹生态立体混养与套养技术等内容。

　　需要特别说明的是，本书所用药物及其使用剂量仅供读者参考，不可照搬。在生产实际中，所用药物学名、常用名和实际商品名称有差异，药物浓度也有所不同，建议读者在使用每一种药物之前，参阅厂家提供的产品说明以确认药物用量、用药方法、用药时间及禁忌等。购买兽药时，执业兽医有责任根据经验和对患病动物的了解决定用药量及选择最佳治疗方案。

　　本书的内容新颖，技术全面，养殖方案实用有效，可操作性强，适合全国各地河蟹养殖区的养殖户参考，同时对水产技术人员也有一定的参考价值。本书在写作过程中，得到了江苏省、安徽省一些养蟹专业户的大力支持与帮助，在此一并表示感谢。

　　由于时间紧迫，本书难免会有疏漏与错误之处，恳请读者朋友指正。

编　者

# 目 录

## 第五章　河蟹高效养殖技术

第六章 水草的栽培与养护

## 第七章　河蟹的病虫害防治

# 第八章 养殖实例

# 附录

# 参考文献

## 第一章
# 概　　述

## 一　河蟹的分类地位与分布特点

"一蟹上席百味淡"，此句话说明了河蟹的味道鲜美和受人们欢迎的程度。作为我国著名的优质水产品，河蟹以它丰富的营养、特有的鲜美味道深受食客的欢迎，不仅在国内享有盛誉，而且蜚声海外，是我国出口创汇的重要水产品之一。

**1. 河蟹的分类地位**

河蟹（彩图 1-1），是我国特产，学名中华绒螯蟹（*Eriocheir Sinensis*），俗称毛蟹、螃蟹、大闸蟹、胜芳蟹。又根据其行为特征与身体结构而被称为"横行将军"或"无肠公子"。河蟹隶属于节肢动物门、甲壳纲、软甲亚纲、十足目、爬行亚目、短尾部、方蟹科、绒螯蟹属。

**2. 河蟹的分布特点**

河蟹在世界上许多地方都有分布，唯有中国能形成其特有的种群和特定的产量。它在我国的分布较广，从北方辽宁省的辽河口到南方福建省的闽江口，各省通海河流中均有其踪迹，加上现在人工放流、池塘养蟹、大水面围拦网养蟹技术的发展与成熟，河蟹已遍布全国。但是许多地方只能靠人工提供苗种而形成产蟹地区，却由于其不能自然繁殖，故又不能形成新的分布区。总的来说，目前我国的河蟹分布区域主要有三处：第一分布区是以长江水系为主干，包括崇明、启东、海门、太仓、常熟等地，在长江中下游地区分布的河蟹，通常称为长江蟹，它是我国目前生长速度最快、个头最大、最受市场欢迎、养殖经济效益最好的河蟹种群，每年的 4~6 月在上海崇明岛一带形成苗汛；第二分布区是在辽河水系，通常称为辽蟹，

包括盘山、大洼、营口、海城等地，由于辽蟹的适应能力比较强，生长速度仅次于长江蟹，而且"北蟹南移"业已成功，因此在长江河蟹资源日益枯竭的今天，用辽蟹取代长江蟹进行人工增养殖是一个重要的研究课题；第三分布区是在浙江省温州与瓯江一带，包括苍南、瑞安、平阳、乐清等地，通常称为瓯江蟹或温州蟹，目前这种蟹"南蟹北移"后的生长速度、规格、经济效益都不如在本地区养殖的效果，因而它只能在瓯江水系一带发展，而不适于其他水域的增养殖。

## 二 河蟹苗种质量和种质资源

### 1. 河蟹的种质资源概况

河蟹因其生活在不同水系而被人为地划分成几个地理群系：生长在长江流域的河蟹称为长江蟹，是目前最受养殖专业户欢迎和信赖的蟹种，尤其是上海崇明岛北航道沿岸一带，天然蟹苗数量多、汛期长、易捕捞，被誉为蟹苗的"黄金海岸"。但因亲蟹和蟹苗的掠夺性滥捕以及生态环境的人为破坏，目前长江蟹资源日益枯竭，前景令人担忧；生活在辽河水系的河蟹称为辽蟹，是"北蟹南移"最成功的群系，其生长性状及速度仅次于长江蟹，目前已被许多地方当作长江蟹的替代蟹种；生长在瓯江水域的河蟹被称为瓯江蟹；生长在珠江水域的河蟹被称为珠江蟹；生长在闽江水域的则称为闽江蟹或福蟹，这几种河蟹仅适于本地养殖，在其他水域养殖时，生长速度较慢、成活率及回捕率较低、成蟹规格明显偏小、经济效益较差。

### 2. 河蟹种质资源退化及苗种质量下降的表现

**（1）长江天然蟹苗日益枯竭**　以上海崇明为中心的长江蟹苗的捕捞产量在 20 世纪 80 年代苗汛旺发季节，每年可达上万千克，但到了 20 世纪 90 年代中后期，蟹苗捕捞量急剧下降，1997 年约 400kg，1998 年约 200kg，天然蟹苗资源几乎枯竭。

**（2）性早熟严重**　自然界的河蟹寿命可达 2～3 年，而目前人工养成的河蟹寿命大大降低，蟹种早熟现象十分严重，高达 20%～30%，不少河蟹仅 15～25g，性腺就已经发育完全。

**（3）成活率偏低**　20 世纪 90 年代初期，当年早繁苗 V 期幼蟹的成活率可达 60% ~ 70%，经越冬后的 1 龄扣蟹的成活率维持在 50% 左右，而目前蟹种死亡率大大上升，当年早繁苗 V 期幼蟹的成活率普遍在 50% 左右，1 龄扣蟹成活率为 30% ~ 40%，群体成活率维持在 40%。

**（4）抗病抗逆性能下降**　自然河蟹是一种抗病力强、抗逆性高的水生动物，但目前其抗病抗逆能力急剧下降，具体体现在病种多、范围广上，尤其是前几年肆意横疟的"抖抖病"，其发病快、死亡率高。

**（5）成蟹规格普遍偏小**　20 世纪 70 ~ 80 年代河蟹多在 200g 左右上市，而目前多数规格在 100 ~ 125g 之间，有的甚至在 50 ~ 75g 即成熟上市，成蟹规格明显偏小。一方面小规格河蟹售价较低，疯狂冲击市场；另一方面，又由于规格小，被大规格河蟹挤压，反过来受市场冲击，因而效益较低。

**3. 造成种质资源退化及苗种质量下降的原因**

1）各种水系间的地理种群无序交配，使原有基因丧失，很难恢复其优良性状。

2）没有经过淘汰而导致河蟹的性能下降。在自然状态下，通过自然选择优胜劣汰，而在人工养殖过程中，为了追求经济效益，把能成活的个体不加选择地全部加以养成，对种质资源的保护非常有害。长期下去，会造成目前的河蟹规格小型化，某些优良性状如色泽、口感也逐渐退化。

3）"南蟹北移""北蟹南移"这两种技术在生产实践上有较大突破，但各地方群系毕竟有其自身的优势和适宜的环境，生活环境的较大变化，可能导致河蟹生理机制不完全适应，抗病抗逆能力急剧下降。

4）一些人繁场家为了竞争利润，长时间采用池塘养成的河蟹作为亲本，使近亲交配繁殖，导致子代种质资源退化。

5）受当年早繁苗的高额利润驱使，导致不少生产单位竞相采用温室进行亲本强化催情、交配及大眼幼体培育，这种长期高温强化培育的结果导致河蟹体系品质的下降，造成物种退化。

6）在人繁、育苗及养殖过程中，长期使用多种抗生素药物，有

些药物对河蟹器官损害较大，有些药物对水和饵料有一定的毒害作用，而且易在河蟹体内富积，导致河蟹对抗生素药物的依赖性增大，甚至发生器官器质性病变，这是造成河蟹死亡率增加及抗逆能力下降的重要因素。

**4. 保护种质资源和提高苗种质量的举措**

**（1）积极有序地开发长江口河蟹资源** 在每年的蟹苗汛期，由政府机关通过宏观调控有组织有计划地对蟹苗实行捕捞，应适当留有部分在长江自然水域生长发育的蟹苗，以确保第二年的亲蟹及蟹苗供应；同时加强长江干流及长江口成熟亲蟹和抱卵蟹资源管理，必须通过法律和行政手段，做到依法兴渔、以法治渔，保护天然河蟹资源及其生存环境。

**（2）建立成熟亲蟹培育及放流基地** 根据河蟹在草型湖泊育肥后个体肥硕健壮的优点，选择一处或多处草型湖泊放流长江口蟹苗或品质优良的长江幼蟹，利用天然饵料资源让其生长发育至性腺成熟，然后人工放流到长江口参与生殖洄游，以起到补充长江口亲蟹产卵群体的目的，确保优良种质资源的可持续利用。

**（3）确定种质标准，避免种质紊乱** 长江蟹、瓯江蟹、辽河蟹、珠江蟹等各地方群系有其自身的特点，有关技术职能部门应统一种质标准，严格界定群系，尽可能减少群系间的相互交配，从根本上提高或恢复原种质量。

**（4）建立苗种准入机制** 建立国家原种场、省级良种场，做到技术到位、科研保障，实行种质调控机制，由国家按水平、实力颁布苗种生产许可证、经营许可证，严格控制不健康河蟹苗种流入市场。

**（5）保证亲本的相对纯洁** 限制长江流域引进其他水系蟹种进行增养殖生产，一方面苗种生产场家不应购买其他水系的河蟹亲本与长江水系亲本杂交，以免造成子代性状的紊乱；另一方面，养殖单位要限制引进其他水系的蟹种进行养殖。

**（6）合理用药** 积极开展纯中草药制剂的开发研制工作，尽快形成抗菌防病系列和助蜕壳、促生长的复合型系列药品，以减少乱用、滥用药物对河蟹机体造成的影响和危害。

（7）**加强技术服务**　地方主管技术部门一方面要大力推广幼蟹培育技术，鼓励养殖户购买优质蟹苗培育幼蟹、扣蟹，再养成成蟹；另一方面要扩大本地苗种生产规模，采用正宗亲蟹育苗、尽量常温繁殖、少用抗生素、蟹苗充分淡化等技术措施，提高苗种质量。

## 三　提高河蟹养殖效益的措施

　　随着全国养殖河蟹面积的大幅度增加，其产量急剧上升，市场竞争日趋激烈，成蟹价格一路下滑，河蟹已由卖方市场进入买方市场，效益也由暴利时代进入微利时代。如何继续激发河蟹养殖的热情、提高河蟹的市场份额、增强河蟹抵御市场的风险能力，目前全国各地纷纷举办研讨班、培训班，旨在进一步探讨河蟹的可持续发展之路。编者经过多年的养殖经验与系统调查后认为，今后的河蟹养殖应以降本增效为目的，着重抓好以下几个调整，才能在市场上立于不败之地。

**1. 及时调整养殖模式**

　　目前全国河蟹养殖的模式主要是单一精养型，一旦市场低迷，价格回落，风险较大。因此，要及时调整养殖模式，改单一精养为鱼、虾、蟹混养或虾、蟹两茬轮养，这样，既可避免市场的冲击、缓冲市场的风险，又可充分利用水体、充分发挥立体养殖的生产潜能，同时通过生物间的相互作用来降低发病率、提高河蟹品质与成活率。

**2. 主动调整养殖技术**

　　要在市场上占有一定的销售份额，必须以规格与品质取胜，优良的品质一直是颇受青睐的。要提高河蟹的品质，必须积极主动地调整、优化目前粗糙的养殖技术。一是改善投喂结构：河蟹配合饲料应保证动物性蛋白与植物性蛋白的合理搭配，同时要保证矿物质与维生素的供应，确保营养全面；水域丰富、资源茂盛的地方，要及时移植多层次、多品种的水生植物，如苦草、水花生、聚草、轮叶黑藻和黄丝草等，同时投入一定数量的鲜活的螺蚬、小鱼虾等，供河蟹自由摄食。二是营造天然环境，满足河蟹对生存环境的需求，促进它快速生长发育。三是改良水体条件：清除淤泥，浅池改深池，减少病菌滋生；小塘合并，改小水体为大水面，增加河蟹活动范围；

夯实渗漏池埂，保证保肥保水性能良好。四是改革施肥观念，传统的养殖观念认为，养殖河蟹的水质无须施肥，经过实践证明，在养殖过程中，除了定期施加钙肥外，还要及时施加磷肥，以补充水体中磷元素的消耗，通常施用钙磷复合肥如磷酸二氢钙、过磷酸钙等。

### 3. 注意调整放养规格

由于短期行为的误导，目前河蟹养殖多为投放当年早繁苗培育的 Ⅲ ~ Ⅵ 期幼蟹（仔蟹），亩放苗 2000 ~ 3000 只（1 亩 ≈ 667m²），产量为每亩 60kg，规格为 75g/ 只左右。由于这种当年育苗、当年养成、当年上市的速成行为，导致成蟹规格小、竞争力差、价格低廉。长江流域一带这种规格的河蟹普遍售价（雌雄为 1:1）为 20 ~ 24 元/ kg，而大规格、高品质的河蟹价格则是小蟹价格的 5 ~ 8 倍，因此，要想在蟹市上立足求发展，必须改革放养规格：改小规格为大规格、改当年早繁苗为 1 龄扣蟹苗、改春末放养为冬春放养，这种放养规格的调整，经过两年的养成，可达 125 ~ 150g/ 只。

### 4. 设法调整养殖成本

第一，尽量降低非生产成本；第二，购买优质苗，减少死亡率及发病率，降低人为成本；第三，坚持自育自养蟹种，减少对外来蟹种的依赖，降低苗种成本；第四，科学投喂，改水下投喂为水边投喂，改全塘投喂为定点投喂并搭设饵料台，既可防止野杂鱼吃掉饵料，又可减少溶失性饵料对水体的污染，更有助于检查河蟹吃食情况及便于清除残饵，掌握合适投喂量，降低饵料成本。

### 5. 科学调整投喂方式

调整平时粗放粗养的方式，同时调整河蟹养殖中要多投动物性饵料的误区，采取"颗粒饲料与鲜活饵料相结合的方式"，在投喂时，要保证饵料新鲜适口，不投腐败变质的饵料，尤其以全价配合饵料为佳，要求营养均衡、配比合理、组方科学，防止饵料质量差品质次，切记投喂单一性饵料，同时定期补充一定的钙、镁、铁、磷等微量元素。投喂讲究"五定"和"四看"的原则。"五定"就是定时、定点、定质、定量、定人，"四看"就是投饲时要看天气、看水质变化、看河蟹摄食及活动情况、看生长态势，投喂量采取"试差法"来确定。

### 6. 科学调整防病观念

目前广大蟹农对蟹病的预防观念淡漠，意识不强，当发病时，往往就病治病，不能综合预防，辨症施治，结果造成巨大的损失；同时有的病害一旦发作，无法治疗，只有预防才是最好的办法。因此，要调整蟹农的防病观念，提高他们生态预防治的意识。方法是：首先是确保蟹种质量，尽可能检疫，确保投放优质苗种，从种质上控制病原菌的带入；其次是营养合理，科学配料，提高河蟹体质，从机能上提高其抗病能力；第三是水源清新无污染，进排水分开，定期消毒工具、饵料台等，从管理上切断传播途径；第四是适时清塘清毒，科学套养鱼类，模拟生态环境，从生存条件上抑制病原菌的发生与蔓延。

### 7. 正确调整消毒方式

一是对水草进行消毒，从湖泊、河流中捞回来的水草可能带有外来病菌和敌害，如克氏原螯虾、黄鳝等，一旦带入蟹池中将给河蟹的生长发育带来严重后果，因此水草入池时需用 8 ~ 10mg/L 的高锰酸钾消毒后方才入池；二是定期对水体进行消毒，随着水温的不断升高，河蟹的摄食量大增，生长发育旺盛，而此时也正是病原体的生长繁殖旺盛季节，为了及时杀灭病菌，应定期对池塘水体进行消毒杀菌，每半个月用 $1g/m^3$ 的漂白粉或 15kg/亩的生石灰全池遍洒 1 次。

### 8. 适时调整养殖品种

"只有永久的市场，没有永久的名特优"，河蟹独领风骚十来年后，其生产技术日益成熟，生产潜能也充分发挥，经济效益逐年下降，为了确保水产业的可持续发展，适时转换养殖结构、调整养殖品种、提高养殖技术是必经之路，也是唯一可行之策。根据目前的形势看，尚未形成像甲鱼、河蟹这样全国性的一枝独秀的名特优新品种，因此，除了注意引进、驯化外来品种（如鲟鱼、观赏鱼、龟类）外，更要开发土著鱼类的发展潜能，各地应着重因地制宜、筛选、提纯、复壮具有经济价值和推广意义的新品种，如黄鳝、鳜鱼、黄颡鱼、乌鳢、青虾等。

### 9. 提前调整混养方式

随着河蟹养殖效益的下降，养殖户要未雨绸缪。提前做好养殖

新方式的调整，根据市场的需要，许多地方都开展了各种不同的混养方式的试验，一是加强蟹、鳜的套养混养，二是加强了蟹、鲌的套养混养试验，三是试验了蟹、鳜、蚌的混养，都取得了较大的经济效益。

### 10. 正确调整市场导向

面对河蟹的上市高峰期常常是中秋节和国庆节两大节日，但在这两个节日市场往往饱满，价格低迷，出现了"熊市""烂市"的局面。这就要求我们必须清醒地认识市场、了解市场，做到以市场为导向，尽可能让河蟹均衡上市，避开高峰互相压价的状况，从市场营销中获取最佳经济效益。

—第二章—
# 河蟹的生物学特性

## 一 河蟹的外部形态特征

河蟹的体形，俯视近六边形，背面一般呈墨绿色，腹面灰白色。由于长期进化演变的缘故，河蟹的头部与胸部已愈合在一起，合称为头胸部，所以整个身体分为头胸部、腹部和附肢三部分。

**1. 头胸部**

河蟹的头胸部是身体的主要部分，是由头部与胸部愈合在一起而形成的，其被两块硬壳所包围着，上面为头胸甲，下面为腹甲。

河蟹背面覆盖着一层坚硬的背甲，俗称蟹斗或蟹兜，也称头胸甲。头胸甲是河蟹的外骨骼，具有支撑身体、保护内脏器官、防御敌害等作用。背甲一般呈墨绿色，但有时也呈赭黄色，这是河蟹对生活环境颜色的一种适应性调节，也是一种自我保护手段。背甲的表面起伏不平，形成许多区，并与内脏位置相一致，分为胃区、肝区、心区及鳃区等；背甲边缘可分为前缘、眼缘、前侧缘、后侧缘和后缘五个部分。前缘正中为额部，有 4 枚齿突，称为额齿。额齿间的凹陷以中央的一个最深，其底部与后缘中点间的连线最长，可以表示体长。头胸甲额部两侧有 1 对复眼（图 2-1）。

头胸甲的腹面为腹甲所包围，腹甲通常呈灰白色，腹甲也称胸板，四周长出绒毛，中央有一凹陷的腹甲沟。雌雄河蟹的生殖孔就开口在腹甲上。

**2. 腹部**

河蟹的腹部俗称蟹脐，共分 7 节，弯向前方，紧贴在头胸部腹面，看腹部的形状是鉴别雌雄成蟹最直观、最显著、最简便的方法。在仔蟹时期，不论雌雄，腹部都为狭长形，但随着个体的生长，雄

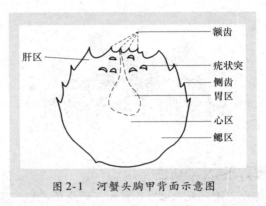

图2-1　河蟹头胸甲背面示意图

蟹的腹部仍保持狭长三角形，雌蟹的腹部逐渐变圆，因而人们习惯上把雄蟹称为尖脐或长脐，雌蟹称为圆脐或团脐。成熟的雌蟹腹部大而圆，周围长满较长的绒毛，覆盖头胸甲的整个腹面，而雄蟹腹部狭长呈三角形，贴附在头胸部腹面的中央（图2-2）。

图2-2　腹部

### 3. 附肢

河蟹属于高等甲壳动物，其身体原为21节，其中头部6节，胸部8节，腹部7节。除头部第一节原无附肢外，其他每节都有一对附肢。由于河蟹头胸部已愈合，节数难以分清，但附肢仍有13对。腹部附肢已大大退化，雌蟹腹部尚有附肢4对，而雄蟹只有2对附肢了。

头部5对附肢，前两对演变成触角，可感受化学刺激，后3对特化成 1 对大颚和 2 对小颚，可用于磨碎食物。

胸部有 8 对附肢，前 3 对称为颚足，为口器的组成部分，可抱持食物。其余 5 对为步足，俗称胸足，最前面 1 对步足强大有力，称为螯足，呈钳状，分为 7 节，依次为指节、掌节、腕节、长节、座节、基节和底节。螯足掌部密生绒毛，雄性的螯足比雌性的大，螯足具有捕食、防御、掘穴等功能。后 4 对步足形状相近，也分为 7 节，主要用于爬行、游泳、协助掘穴。

腹部附肢已退化，雄蟹仅有 2 对，特化成交接器，以利抱雌和交配；雌蟹 4 对，附着在腹部的第 2～5 节上，各节均生有刚毛，内肢可附着卵粒。

### 4. 复眼

当我们走到池塘边时，远远地就能看到河蟹快速地往池塘里或草丛里爬，可见河蟹对外部刺激很敏感，这是由于它具有高级的视觉器官——复眼。复眼位于额部两侧的 1 对眼柄的顶端，它并不是简单的两只眼睛，而是由数百个甚至上千个以上的单眼组成，故名复眼。复眼有 3 个特点：一是构成它的基本单位——单眼较多，可以互相补充视角所不能及的角度，因而它们的视力范围较开阔；二是它由眼柄举起，突出于头胸甲前端，因而转动自如，灵活方便，可视范围广；三是它是由两节组成的，眼柄活动范围较大，既可直立，又可横卧，直立时将眼举起，翘视四方，横卧时可借眼眶外侧的绒毛除去眼表面的污物。复眼不仅能感受光线的强弱，还能感觉物体的形象，因此当人们走近河蟹但还有一段距离时，河蟹会立即隐藏于水草中或潜入水底。另外，河蟹依靠一对复眼可以在夜晚借微弱的光线寻找食物和躲避敌害，与其昼伏夜出的生活习性相适应。

### 5. 口器

口器是河蟹吃食物的重要器官，位于头胸甲的腹面、腹甲的前端正中，它由 6 对附肢共同组成，由里向外依次是 1 对大颚、2 对小颚和 3 对颚足，它们按顺序依次重叠在一起，形成一道道关卡，食物必须通过这 6 对附肢组成的 6 道关卡后才能进入食道，其目的是提高摄食效率和确保摄入食道里的食物能顺利消化。当河蟹找到食物时，先用螯足夹取食物并送到口器边，再用第二对步足的指尖协助捧住食物并递交给颚足，第三对颚足把食物传递给大颚，大颚再把食物切断或磨碎，同时运用第一、第二对小颚来防止细小食物的散失。附肢上的刚毛对防止食物的散失也有作用。磨碎后的食物经短的食道而被送入胃中。

## 二 河蟹的内部系统

### 1. 骨骼系统

和其他的甲壳动物一样，在河蟹的体表也有坚韧的几丁质外骨骼，它具有防护与支撑双重功能，能对河蟹内部的柔软器官进行构型、建筑和保护。

河蟹的体表覆盖着坚硬的体壁。体壁由三部分组成：表皮细胞层、基膜和角质层。表皮细胞层由一层活细胞组成，它向内分泌形成一层薄膜，叫作基膜，向外分泌形成厚的角质层。角质膜主要由几丁质（甲壳质）和蛋白质组成，前者为含氮的多糖类化合物，是外骨骼的主要成分，而后者大部分为节肢蛋白。角质层除了保护内部构造外，还能与内壁所附着的肌肉共同完成各种运动。

河蟹的外骨骼是充当盔甲的器官，含有大量钙质，因此在养殖过程中我们要不断地进行钙质的补充，尤其是在蜕壳时，更要及时在饲料里添加含钙质丰富的蜕壳素，平时要定期用生石灰进行水质调节，也是提供和补充钙的重要途径。

### 2. 肌肉系统

河蟹的肌肉系统是呈成束的横纹肌，往往是成对排列的，尤其是河蟹附肢肌肉的力量很强大，不但能支撑起庞大的身躯，而且能灵活地爬行。

### 3. 呼吸系统

鳃是甲壳动物的主要呼吸器官，也是最有特征性的器官，当然鳃也是河蟹的呼吸器官了，共有6对，位于头胸部两侧鳃腔内。每个鳃由中央的鳃轴和多数附属物构成，前者外侧贯穿一条入鳃血管，它在鳃轴顶端弯曲向下，就变为鳃轴内侧的出鳃血管。鳃腔通过入水孔和出水孔与外界相通。河蟹的鳃有十分宽广的表面积，静脉血流经这些附属物时，就可充分交换气体，吸入氧气而驱出碳酸气，变为动脉血。河蟹的呼吸作用是不能停止的，即使离开水体，河蟹仍要尽力呼吸。了解河蟹的这种生理特点，对于现实生产中河蟹的管养与运输有重要的意义。

**4. 排泄系统**

和甲壳动物一样，河蟹的排泄系统是触角腺，开口于第二触角基部的乳头上。

**5. 循环系统**

河蟹是开放型的循环系统，心脏呈椭圆形，在围心窦内，具心孔数对，位于头胸部中央，背甲之下。围心窦内的血液通过心孔进入心脏，再由心脏经动脉流出，经过入鳃血管，进入鳃内进行气体交换，再由鳃静脉汇入心脏，由心脏上 3 对心孔回到心脏，如此往复循环。河蟹的血液由血细胞和血浆两部分组成，无色，由许多吞噬细胞和淋巴组成，有血清素溶解在淋巴内。

**6. 消化系统**

河蟹的消化系统包括口、食道、胃、中肠、后肠和肛门。其中肠是最重要的一部分，为一狭长的管道，分为前肠、中肠和后肠 3 部分。前肠包括食道和胃，中肠前部有消化腺——肝胰腺的开口，后肠为直肠，肛门一般在腹部末节（尾节）腹面。河蟹的前肠和后肠来源于外胚层，是表皮的一部分。里面衬有一层几丁质皮，蜕壳时连同外壳一起蜕掉。

**7. 生殖系统**

河蟹为雌雄异体，雌、雄个体明显不同。雌性生殖器官包括卵巢和输卵管两部分。雄性的精巢为乳白色，也分为左右两个。输精管也可能分泌精荚或精包，以向雌性输送精液。

**8. 神经系统**

河蟹的脑由 3 对神经节合成，这 3 个部分分别为眼神经、第一触角神经和第二触角神经。脑以 1 对环食道神经与食道下神经节相连，向后通出腹神经索。腹神经索两条并列，上有许多神经节，基本上每节 1 对，左右两神经节间由横的神经相连。

河蟹的神经系统和感觉器官比较发达，对外界环境反应灵敏。在陆地爬行时，可超过障碍寻找食物，人工养蟹时应配以严密的防逃措施，防止河蟹逃逸造成不必要的损失。

### 三 河蟹的生态习性与养殖的关系

**1. 河蟹的摄食特点**

**（1）河蟹的食性**　河蟹只有通过从外界摄取食物，才能满足其生长发育、栖居活动、繁衍后代等生命活动所需的营养和能量。河蟹在食性上具有广谱性、互残性、暴食性、耐饥性和阶段性。

河蟹为杂食性动物，但偏爱动物性饵料，如小鱼、小虾、螺蚬类、蚌、蚯蚓、蠕虫和水生昆虫等。植物性食物有浮萍、丝状藻类、苦草、金鱼藻、菹草、马来眼子菜、轮叶黑藻、水浮莲（水葫芦）、喜旱莲子草（水花生）、南瓜等；精饲料有豆饼、菜饼、小麦、稻谷、玉米等。在饵料不足或养殖密度较大的情况下，河蟹会发生自相残杀、弱肉强食的现象，体弱或刚蜕壳的软壳蟹往往成为同类攻击的对象，因此，在人工养殖时，除了投放适宜的养殖密度、投喂充足适口的饵料外，设置隐蔽场所和栽种水草往往成为养殖成败的关键。在天然水体中，特别是草型湖泊中，由于植物性饵料来源易得且方便，因此河蟹胃中一般以植物性食物为主，如轮叶藻、苦草等水生植物。

在摄食方式上，河蟹不同于鱼类，常见的养殖鱼类多为吞食与滤食，而河蟹则为咀嚼式吃食，这种摄食方式是由河蟹独特的口器所决定的。

河蟹的食性是不断转化的，在溞状幼体早期，河蟹是以浮游植物为主要饵料，而后转变为以浮游动物为主，到了大眼幼体（蟹苗）以后，才逐渐转为杂食性，进入幼蟹期后，河蟹则以杂食性偏动物性饵料为主。

**（2）河蟹的摄食与水温的关系**　河蟹的摄食强度与水温有很大关系，当水温在10℃以上时，河蟹摄食旺盛；当水温低于10℃时，河蟹摄食能力明显下降；当水温进一步下降到3℃时，河蟹的新陈代谢水平较低，几乎不摄食，一般是潜入到洞穴中或水草丛中冬眠。

**（3）解决河蟹饲料的方式**　养殖河蟹投喂饵料时，既要满足河蟹营养需求，加快蜕壳生长，又要降低养殖成本，提高养殖效益。可因地制宜，用多种渠道落实饵料来源。

1）积极寻找现成的饵料。

① 充分利用屠宰下脚料。利用肉类加工厂的猪、牛、羊、鸡、鸭等动物内脏以及罐头食品厂的废弃下脚料作为饲料，经淘洗干净后切碎或绞烂煮熟喂河蟹。沿海及内陆渔区可以利用水产加工企业的废鱼虾和鱼内脏，渔场还可以利用池塘鱼病流行季节，需要处理没有食用价值的病鱼、死鱼、废鱼作饲料。如果数量过多时，还可以用淡干或盐干的方法加工储藏，以备待用。

② 捕捞野生鱼虾。在方便的条件下，可以在池塘、河沟、水库、湖泊等水域丰富的地区进行人工捕捞小鱼虾、螺蚌贝蚬等作为河蟹的优质天然饵料。这类饲料来源广泛，饲喂效果好，但是劳动强度大。

③ 利用黑光灯诱虫。夏秋季节在蟹池水面上每 20～30cm 处吊挂 40W 的黑光灯 1 只，可引诱大量的飞蛾、蚱蜢、蝼蛄等敌害昆虫入水供河蟹食用，既可以为农作物消灭害虫，又能为河蟹提供大量的活饵，根据试验，每夜可诱虫 3～5kg。为了增加诱虫效果，可采用双层黑光灯管的放置方法，每层灯管间隔 30～50cm 为宜。特别注意的是，利用这种饲料源，必须定期为河蟹服用抗生素，以提高抗病力。

2）收购野杂鱼虾、螺蚌等。在靠近小溪小河、塘坝、水库、湖泊等地，可通过收购当地渔农捕捞的野杂鱼虾、螺蚬贝蚌等为河蟹提供天然饵料，在投喂前要加以清洗消毒处理，可用 3%～5% 的食盐水清洗 10～15min 或用其他药物如高锰酸钾杀菌消毒，螺、贝、蚬、蚌最好敲碎或剖割好再投喂。

3）人工培育活饵料。螺蛳、河蚌、福寿螺、河蚬、蚯蚓、蝇蛆、黄粉虫等是河蟹的优质鲜活饲料，可利用人工手段进行养殖、培育，以满足养殖之需。具体的培育方式请参考相关书籍。

4）种植瓜菜。由于河蟹是杂食性的，因此可利用零星土地种植蔬菜、南瓜、豆类等，作为河蟹的辅助饲料，这是解决饲料的一条重要途径。

5）充分利用水体资源。

① 养护好水草。要充分利用水体里的水草资源，在蟹池中移栽水草，覆盖率在 40% 以上，水草主要品种有伊乐藻等，水草既是河

蟹喜食的植物性饵料，又有利于小杂鱼、虾、螺、蚬等天然饵料生物的生长繁殖。蟹池水草以沉水植物为主，漂浮植物、挺水植物为辅。

②投放螺蛳。要充分利用水体里的螺蛳资源，并尽可能引进外源性的螺蛳，让其自然繁殖，供河蟹自由摄食。

6）充分利用配合饲料。饲料是决定河蟹的生长速度和产量的物质基础，任何一种单一饲料都无法满足河蟹的营养需求。因此，在积极开辟和利用天然饲料的同时，也要投喂人工配合饲料，这样既能保证河蟹的生长速度，又能节约饲养成本。

根据河蟹的不同生长发育阶段对各种营养物质的需求，将多种原料按一定的比例配合、科学加工而成。配合饲料又称为颗粒饲料，包括软颗粒饲料、硬颗粒饲料和膨化饲料等，它具有动物蛋白和植物蛋白的配比合理、能量饲料与蛋白饲料的比例适宜、营养物质较全面的优点，同时在配制过程中，适当添加了河蟹特殊需要的维生素和矿物质，以便使各种营养成分发挥最大的经济效益，并获得最佳的饲养效果。

**2. 趋光性**

河蟹是昼伏夜出的动物，喜欢弱光，畏强光。白天隐藏于洞穴、池底、石隙或草丛中，在夜间河蟹依靠嗅觉、靠一对复眼在微弱的光线下寻找食物。因此我们在进行人工养殖时，可将河蟹的投喂重点集中在傍晚，以满足它们在晚上摄食的要求。

> ●【提示】养殖户在捕捞河蟹时，可以充分利用河蟹喜欢趋弱光的原理，在夜间采用灯光诱捕，捕获量可大大提高。

**3. 呼吸特性**

河蟹是用鳃呼吸的水生甲壳动物，鳃，俗称鳃胰子，是河蟹的主要呼吸器官，蟹胰子共有6对，位于头胸部两侧的鳃腔内。鳃腔里的鳃，因着生部位不同，可分为侧鳃、关节鳃、足鳃和肢鳃四种。河蟹依靠鳃的呼吸把氧气从外界运输到血色素中，并把二氧化碳由组织和血液中排出体外。如果把蟹放在水中，就可以看到有两道水流从口器附近喷流出来，这股水流是靠口器中第二对小颚的外肢在

16

鳃腔中鼓动而造成的，大部分的水是从螯足的基部进入鳃腔的，还有一小部分水是从最后两对步足的基部进去的。除鳃之外，还有一些辅助结构也是完成呼吸系统的一部分。

河蟹通常用内肢来关闭入水孔，使河蟹在离水时不易失水，起着防止干燥的作用，又因其上肢长，两侧及顶端均着生细毛，当它伸入鳃腔拨动水流时，有清洁鳃腔的作用。

血液从入鳃孔和出鳃血管流过，把水中的氧气和血液中的二氧化碳通过气体交换，完成呼吸作用。呼吸作用不能停止，氧气的供给不能间断，这是河蟹赖以生存的基本要求。因此当河蟹离开水体后，它需要继续呼吸，这时进入鳃部的不是水而是空气。当空气进入鳃腔时，就与鳃腔储存的少量水分混喷出来，所喷出来的水分和空气混合物就形成许多泡沫，河蟹就是利用这种方式来适应短期陆地生活的。

> **【提示】** 由于不断呼吸，使泡沫愈来愈多，产生的泡沫不断破裂，同时不断增生新的泡沫，这就是我们常听到河蟹发出的淅淅沥沥的声音（图2-3）。

#### 4. 栖息习性

河蟹喜欢栖息在江河、湖泊的泥岸或滩涂上，尤其喜欢生活在水草丰富、溶氧充足、水质清新、饲料丰富的浅水湖泊中或沟河中，也栖息于水库、坑塘、稻田中，喜欢在泥岸或滩涂上挖洞藏身，避寒越冬。河蟹栖息的方式有隐居和穴居两种。河蟹通常是白天在洞穴中休息

图2-3 河蟹呼吸出来的泡沫

或隐藏在石砾水草丛中或隐蔽处，晚上活动频繁，主要是出来寻觅事物。在饵料丰富、水位稳定、水质良好、水面开阔的湖泊、草荡中，河蟹一般不挖穴，隐伏在水草和水底淤泥中过隐居生活。通常

隐居的河蟹新陈代谢较强，生长较快，体色浅，腹部和步足水锈少，素有"青背、白脐、金爪、黄毛"清水蟹之称。

河蟹从幼蟹阶段起就有穴居的习性，它主要靠一双有力的螯足来掘洞穴居，洞穴一般呈管状，多数一端与外界相通，底端向下弯曲，洞口常在水面以下。由于穴居的河蟹新陈代谢较弱，生长较慢，体色较深，腹部和步足水锈多，素有"乌小蟹"之称。因此在人工养殖时，要尽可能多栽种水草，尽量减少其穴居的数量，因为有不少穴居的幼蟹性情懒惰，蜕壳和生长迟缓，严重影响育成效果及养殖效益，穴居的河蟹平常躲在洞里逃避其他敌害的捕食，冬天在洞中越冬，一个洞穴里，有时聚集着10～20只小蟹，穴居是河蟹长期进化过程中保护自己、适应自然的一种方式。

据实验观察，在养蟹池塘中，9月底前在水温保持22℃以上，且水位较为稳定时很少见河蟹掘洞穴居，成蟹穴居率仅为2%～5%，且雌性个体多于雄性，绝大部分河蟹掩埋于底泥中，靠漏出口器以上的眼和触角来呼吸。但池塘培育蟹种，在越冬时则发现其喜挖洞穴居，在洞穴中防寒取暖，躲避老鼠、水鸟等敌害的袭击。一般在水温降至10℃以下时，河蟹即潜伏洞穴中越冬。

> ➡ **【提示】** 在人工精养时，河蟹可改变其穴居的特性，由于池内人工栽种的水草及铺设的瓦砾等隐蔽物较多，河蟹一般不会打洞，喜欢栖息于水花生等水草丛中，由此可见，水草及隐蔽物的设置对河蟹的养殖有重要作用。

### 5. 奇特的洄游习性

河蟹的一生有两次洄游，分别是幼体时的溯河洄游和成熟后的降河洄游，两次洄游是天然河蟹生长繁殖的必经过程。河蟹的溯河洄游又叫索饵洄游，是指在江海交汇处繁殖的潘状幼体发育到蟹苗或Ⅰ期幼蟹阶段，根据其对饵料等条件的需求，借助潮汐的作用，由河口顺着江河逆流而游，溯江而上，进入湖泊等淡水水体生长育肥的过程。河蟹的降河洄游也称生殖洄游，由于遗传特征的原因，河蟹在淡水中生长育肥6～8个月，完成生长育肥后，每年秋冬之交，成熟蜕壳后的河蟹就要从淡水洄游到江海交汇处的半咸水中，此时它们开始成群结队地离开原栖居场所，沿江河顺流而下，在迁移过程中，性腺逐步发育，在咸淡水中性腺发育成熟，并完成交配、产卵、孵化等繁殖后代的过程，这种洄游叫作河蟹的生殖洄游。

河蟹生殖洄游的时间在长江流域为每年的 9～11 月，但高峰期是在寒露到霜降的半个月内。民间俗语说："西风响，蟹脚（爪）痒""西风响，回故乡""西风响，蟹下洋"，就是说到了秋季，河蟹就一定要进行生殖洄游，它们纷纷从湖泊、河流汇集到江河主流中，成群结队，浩浩荡荡地顺水向河口爬去，形成一年一度的秋季成蟹蟹汛。在洄游中，蟹体内性腺迅速发育，变化明显，到达河口产卵场时，雌雄蟹的性腺都先后发育成熟，一旦受到海水的刺激，便开始择偶交配。整个交配过程约数分钟到 1h 即可完成。河蟹生殖洄游的因素很多，其中性腺成熟就是一个主要因素，其他如水的温度、水的流动速度、水体盐度变化等外部因素，也是河蟹向沿海江河口洄游的因素。

河蟹交配后约经 12h，即从雌蟹生殖孔产出已受精的卵，大部分黏附在雌蟹的腹肢上。抱卵的雌蟹经过 1 个冬季后，于第二年晚春、早夏开始孵化受精卵，孵化出溞状幼体后，亲蟹死亡。幼体又进行索饵洄游，必须由淡水进入咸淡水中繁殖、育苗，幼体又重新进入淡水中生长、育肥，重复上述洄游与生殖的生命史。

### 6. 体色与环境

优质河蟹的背甲一般呈墨绿色，但河蟹背甲的颜色会随着栖息环境的变化而变化，如在长江流域培育的 1 龄蟹种多呈卵黄色，而在辽宁北方培育的蟹种则呈青绿色；如果将辽河地区培育的蟹种提前放入长江流域带有江泥的池塘暂养一段时间，其体色也会逐渐变成浅黄。这就为凭色泽来鉴别不同地区的蟹种带来不稳定性。同样，试验发现，即使是在淤泥较黑的池塘中养成的色泽较黑绿的大规格成蟹，经在水族箱中用自来水暂养 5～7 天后也会逐渐变淡转浅黄，这就可使池养商品蟹经暂养后让它们的体色变得更加漂亮，可大大提高售价。

### 7. 冬眠习性

和所有的水生动物一样，河蟹也受外界环境的影响，这种影响

主要表现在蟹种的越冬上，当气温下降到5℃左右时，河蟹就会栖居在洞穴中或草丛中或泥土中，进入冬眠状态。在冬眠期间，河蟹基本上不吃不动，螯足和附肢也基本无力。

### 8. 横向运动习性

河蟹的行动迅速，既能在地面快速爬行，又能攀向高处，也能在水中做短暂游泳，但它们的运动方向总是横行的，而且略向前斜，这种特有的运动现象是由于河蟹的身体结构本身所决定的。河蟹的头胸部宽度大于它的长度，步足伸展在身体的左右两边。每个步足的关节只能向下弯曲，爬行的时候，常用一侧步足的指尖抓住地面，再让另一侧步足在地面上直伸起来，推送身体向另一侧移动，所以它必须采取横行的方式；同时河蟹的几对步足长短不等，这决定了它在横向前进时，总是带有一定的倾斜角度，从而形成了这种独特的运动方式。

### 9. 自切与再生

河蟹在整个生命过程中均有自切现象，但再生现象只有在幼蟹进行生长蜕壳阶段存在。成熟蜕壳后，河蟹的再生功能基本消失。

河蟹的自卫和攻击能力较强，常常因争食、争栖息地而发生相互厮斗，当一只或数只附肢被对方咬住、被敌害侵害或者人们的捕捉方法不当时，它能自动切断受损伤的步足而迅速逃生，这种方式称为自切。另外当河蟹受到强烈刺激或机械损伤，或者是蜕壳过程中胸足受阻蜕不出来时，也会发生丢弃胸足的自切现象。

河蟹的断肢有其固定部位，折断点总是在附肢基节与座节之间的折断处。这里有特殊的结构，既可迅速修补断面，防止流血，又可利于再生新肢。所以说河蟹自切后，具有较强的再生能力，因此，我们所见的河蟹，除了肢体完整外，有的缺少附肢，有的左右螯足大小悬殊，有的步足特别细小，有的在缺足的地方长出疣状物，这些都是河蟹具有的自切和再生功能所造成的，是正常的生理特征。河蟹自切后再生的新肢，同样具有齿、突、刺等构造，长成的附肢同样具有取食、运动、步行和防御的功能，但整个形体要比原来的肢体小。

【提示】 由于河蟹从发育到性成熟时,不再具备再生的功能,因此在起捕上市、出售成蟹时,动作要轻要规范,确保附肢特别是大螯的完整,否则会影响商品蟹的经济效益。

### 10. 跳跃式生长

河蟹躯体的增大、形态的改变及断肢的再生都要在蜕皮或蜕壳之后完成,这是因为河蟹属节肢动物,具外骨骼,外骨骼的容积是固定的。当河蟹在旧的骨骼内生长到一定阶段,其积贮的肌体到旧的外壳不能再容纳它时,河蟹必须蜕去这个旧外壳才能继续生长。河蟹一生要经过多次蜕壳,这是河蟹生长的一个生物学特征。

河蟹的幼体阶段可分为溞状幼体、大眼幼体和仔幼蟹 3 个阶段。溞状幼体经过 5 次蜕皮即可变成大眼幼体(蟹苗);大眼幼体经过 5~10 天生长发育,再经 1 次蜕皮后即变态成第 I 期仔蟹;仔蟹每隔 5~7 天蜕壳 1 次,经 5~6 次蜕壳后则成长为扣蟹,此时它具有成蟹的一切行为特征和外部形态。在生产上将 I 期仔蟹培育成 V~VI 期仔蟹的过程称为仔幼蟹培育。扣蟹还需经数次蜕壳后才能达到性成熟,性成熟后的河蟹不再蜕壳直到产卵死亡。

【提示】 河蟹的生长受环境条件的影响很大,特别是受饵料、水温和水质等生态因子的制约。对河蟹来说,蜕壳频率和每次蜕壳后的增重量是决定生长速度的关键因素。水域水质、水温条件适宜,饵料丰富,蜕壳次数多,河蟹生长迅速个体也大。如果环境条件不良,河蟹则停止蜕壳,个体也小。

河蟹的生长,从个体来说是表现为跳跃性和间断性的,但从其群体角度来说,则是连续性的,河蟹每蜕一次壳,其体重增加 30%~50%,体长与体宽也相应增加。河蟹的蜕壳频率和蜕壳后的增重又受生态环境的影响较大,如果在自然环境中,蜕壳周期为 15 天左右,蜕壳后体重增加 30%~48%;而在池塘养殖条件下,5~9 月只蜕壳二三次,蜕壳后体重增加 22.4%~40.2%,平均增加 33.2%;饲养在水族箱中的河蟹,蜕壳周期为 32 天,蜕壳后体重平均增加

第二章 河蟹的生物学特性

32.3%。可见，生活于不同环境中的河蟹，蜕壳周期差异较大，但蜕壳后的增加量较为接近，表明蜕壳周期长短（蜕壳频率）对河蟹生长的影响更大些。河蟹的幼体刚蜕皮或幼蟹刚蜕壳后，活动能力很差，身体柔弱无力，此时极易受到敌害生物甚至其他同类的攻击，而其自身的保护、防御能力极弱。因此在发展人工养殖河蟹的时候，一定要注意保护蜕壳蟹（又称软壳蟹）的安全。

### 11. 感觉和运动

河蟹具有特殊的复眼结构，它的感觉非常灵敏，对外界环境反应迅速。

河蟹的运动能力很强，既能在水中做短暂游泳，又能迅速爬行和攀登高处。突出表现就是它的逃逸能力很强，所以河蟹在小水体养殖时，不仅需要添置良好的防逃设备，而且更重要的是要保持优良的养殖环境和提供优质饵料。只要养殖环境的生态条件好，河蟹就不会逃逸。

### 12. 对温度的适应

河蟹是变温动物，体温主要取决于环境水温，通常河蟹的体温略高于周围环境的温度。河蟹对温度的适应能力是比较强的，通常在 1~35℃ 时，都能生存。水温能影响到河蟹的生长和变态，适温条件下，温度高，河蟹的摄食旺盛，生长和变态迅速加快。水温 21℃ 左右，第Ⅰ期溞状幼体只需 4~5 天就可变态；水温 15℃ 左右变态十分缓慢，一般水温在 10℃ 时开始明显摄食；10℃ 以下时摄食能力减弱。河蟹能忍受低温，水温在 −2~−1℃ 条件下抱卵蟹能顺利过冬，蟹卵和产蟹均不会死亡。冬天河蟹停止摄食，隐藏于洞穴中越冬。河蟹对高温和低温的适应能力是有一定差异的，它们对高温的适应能力相对较差，所以在人工养殖时，一定要做好夏季遮阴工作，而对低温的适应能力则很强，当水温下降至 10℃ 以下，仍摄食；水温在 5℃ 以下，才基本上不摄食。

在河蟹养殖过程中，水温对河蟹蜕壳有一定影响，适温范围内，水温越高，蜕壳次数越多，生长迅速。而当水温超过 28℃ 时，河蟹的蜕壳和生长就会受到抑制。水温突变，对河蟹生长变态和繁殖都不利，特别是幼体阶段更为明显，常常因温差太大而使河蟹大批死亡。蟹苗阶段水温的温差不得超过 2～3℃。早期工厂育苗大约 4 月底出池，此时室外水温很低，室内水温要比室外高 7～8℃，如果操作不当，大部分蟹苗移入室外即会死亡，因此生产上需加倍注意。

### 13. 对盐度的适应

河蟹从大眼幼体开始就迁移到淡水中生活。尤其喜欢在水质清新、水草茂盛、环境安静的湖泊中栖息和生长发育。大眼幼体进入淡水水域后，要求水体的盐度越低越好。秋季当河蟹达到性成熟时，亲蟹要洄游到河口半咸水处交配、产卵和孵化。直至溞状幼体变态为大眼幼体，都对盐度有一定的要求。但不同发育阶段对盐度的要求也有所差别，第Ⅰ期溞状幼体对盐度的要求比以后几期溞状幼体高，一般不能低于 7‰；从第Ⅱ期幼体开始对盐度要求就有所下降，一般盐度降至 5‰左右也能顺利变态。盐度突变对幼体发育不利，一般盐度差不超过 3‰，不然将会引起幼体大批死亡。

高盐度育出的大眼幼体，放入淡水前均要进行逐渐淡水驯化，才能放入淡水中养殖。否则将会造成幼体大批死亡。

### 14. 对氧气的适应

河蟹用鳃将溶解于水中的氧气和血液中的二氧化碳进行气体交换完成呼吸，水中溶氧在 4mg/L 左右，适合于河蟹生长。一般江河、湖泊水体里，溶氧十分充足，不会产生缺氧的情况。只有在池塘水体中，由于密度大、水质肥，如果管理不当，常会产生缺氧现象。当水中溶氧低于 2mg/L 时，对河蟹的蜕壳生长、变态会起抑制作用。因此保持水体中含有充足的溶氧，对人工养蟹是十分重要的。现在进行池塘养殖河蟹时，除了大量种植河蟹喜爱的水草如伊乐藻等外，进行微孔增氧等最新养殖技术也是增氧的主要措施之一，效果非常显著。

### 15. 河蟹的寿命

河蟹的寿命到底有多长？在不同的地区、不同的水温和不同的盐度环境下，它们的寿命还是有一点差别的，但总的来说，河蟹的平均寿命约为 24 个月左右。生长在沿海的河蟹，有一部分当年就可以达到性成熟，个体重只有 10 多克，寿命只有 1 年，我们通常称之为性早熟蟹。有些远离海边的地方，如新疆博斯腾湖等地，河蟹寿

命可达到 3~4 年，这主要与河蟹生长环境因素有关。因此，河蟹养殖应年年放养幼蟹，才能年年有蟹捕。

## 四 河蟹的生活史

河蟹在淡水中生长，在海水中繁殖，它的一生从胚胎开始要经过溞状幼体、大眼幼体、幼蟹、成蟹等几个发育阶段。通常按河蟹的生长发育先后依次称为：溞状幼体、大眼幼体（即蟹苗）、仔蟹（也称豆蟹）、幼蟹（也称稚蟹）、蟹种（也称扣蟹）、黄蟹、绿蟹、抱卵蟹及软壳蟹阶段。其中通常将仔蟹、幼蟹、蟹种合称为幼蟹或仔幼蟹；黄蟹、绿蟹合称为成蟹；抱卵蟹称为亲蟹。

河蟹的生活史是指从精、卵结合，形成受精卵，经溞状幼体、大眼幼体、仔蟹、幼蟹、成蟹，直至衰老死亡的整个生命过程（图 2-4）。

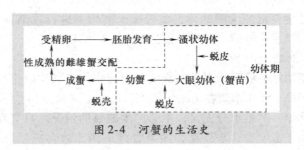

图 2-4　河蟹的生活史

### 1. 溞状幼体期

溞状幼体是胚胎发育后的第一个阶段，它因体形不像成蟹而形似水溞而得名的，溞状幼体很小，具有较强的趋光性和溯水性，全长仅有 1.5~4.1mm，不能在淡水中生活，必须在河口附近的半咸水中生活，它的活动方式尚未具备成蟹的"横行"式爬行，而是像水溞那样依靠附肢的划动和腹部不断屈伸的游泳方式在水表层过着浮游生活。其食性为杂食性，以浮游植物和有机碎屑为主要食物，第Ⅰ期和第Ⅱ期溞状幼体多在水表层活动，第Ⅲ期和第Ⅳ期溞状幼体逐渐转向底层，第Ⅴ期的溞状幼体开始溯水而上。

### 2. 大眼幼体期

第Ⅴ期溞状幼体蜕皮即变态为大眼幼体。在进行仔幼蟹培育时，就是从淡化后的大眼幼体入手。为什么叫大眼幼体？这是因为其眼柄伸长且常露在眼窝外面，一对复眼相对整个身体来说比较大而明显，因而称为大眼幼体。大眼幼体形状扁平，额缘内凹，额刺、背刺和两侧刺均已消失；胸足5对，后面4对均为步足；腹部狭长，共7节，尾叉消失；腹肢5对，第1～4对为强大的浆状游泳肢，第5对较小，贴在尾节下面称为尾肢。

大眼幼体体长为5mm左右（图2-5），具有较强的趋光性和溯水性，生产单位常用灯光诱捕蟹苗而捕捉之，就是利用了它的趋光性特点。大眼幼体对淡水生活很敏感，已适应在淡水中生活，本阶段除了善于游泳外还能进行爬行，且行动敏捷。在游动时，步足屈起，腹部伸直，4对浆状游泳肢迅速划动，尾肢刚毛

图2-5　大眼幼体（蟹苗）

快速颤动，行动敏捷灵活。在爬行时，腹部蜷曲在头胸部下方，用胸甲攀爬前进。大眼幼体也是杂食性的，性情凶猛，能捕食比它自身大的浮游动物。在游泳的行动中或静止不动时，都能用大螯捕食。蟹苗在河口浅海往往借助于潮汐的作用，成群顶风溯流而上，形成一年一度的蟹苗汛期。大眼幼体的鳃部发育已经比较完善，可以离开水生活一段时间，最长可达48～72h，在购买蟹苗时就是利用这种特点进行蟹苗长途干法运输的。

### 3. 幼蟹期

仔蟹、扣蟹是幼蟹发育中的两个阶段，通称为幼蟹。仔幼蟹培育就是将大眼幼体培育成幼蟹的过程。从大眼幼体经过一次蜕皮后变成了第Ⅰ期仔蟹，通常称为Ⅰ期仔蟹，依次类推，将前4次蜕壳而变成的4期幼蟹分别称为Ⅰ、Ⅱ、Ⅲ、Ⅳ期仔蟹，其个体重量不足100mg，背甲长为2.9～6.0mm，背甲宽为2.6～6.5mm，外形已接近成蟹成为椭圆形，因其个体小，仅有黄豆般大小，故俗称豆蟹。

从第Ⅳ期变态至第Ⅶ期幼蟹时，幼蟹的重量为 5～8g，背甲长 8.0～10.8mm，背甲宽 8.7～11.9mm，也因其个体与衣服扣子大小相似而称为扣蟹，也称 1 龄蟹种。

幼蟹的额缘呈两个半圆形突起，腹部折叠在头胸部下方，俗称蟹脐。腹肢在雄性个体上已有分化，转化为 2 对交接器，雌性共有 4 对。幼蟹用步足爬行和游泳，开始掘洞穴居，因此在人工育成时，尽可能减少穴居蟹的数量，以防"乌小蟹""懒蟹"的形成。

第Ⅰ期仔蟹经过 5 天左右开始第一次蜕壳，以后，随着个体不断生长，幼蟹蜕壳间隔时间也逐渐拉长，体形逐渐近似方形，宽略大于长，额缘逐渐演变出 4 个额齿，具有了成蟹的外形。

河蟹自第Ⅰ期仔蟹起，以后每蜕壳一次，虽然总的说来个体长大、体重增加，基本特征相似，但它们仍有一系列形态上的变化和差异，这在培育仔幼蟹中具有重要意义。可以利用这些差异及时判断蜕壳情况，预测蜕壳时间及蜕壳率，对准确及时投喂蜕壳素、增加动物性饵料具有重要作用，其形态特点变化如下。

1）刚蜕壳的早期幼蟹，主要是第Ⅰ期、第Ⅱ期仔蟹，头胸甲长大于宽；而进入第Ⅲ期和第Ⅵ期时，其头胸甲长略小于宽。

2）头几期幼蟹头胸甲呈方形，周缘比较平坦，随着生长以后逐渐长成左右对称的不等边六角形，前缘出现 4 个额齿，头胸甲侧面生长 4 个锯齿状侧齿。

3）早期幼蟹体色较浅，步足具有明暗相间的条纹，特别是第Ⅰ～Ⅱ期仔蟹最为明显，随着仔蟹生长进入第Ⅲ期，其明暗条纹逐渐消失，继之幼蟹体色转为土黄色。

4）早期的蟹雌雄外形相似，腹脐均为三角形。在生长过程中，雄蟹每蜕一次壳，腹脐逐渐伸长，成尖形或倒三角形，末端尖而两侧略内陷。雌蟹每蜕一次壳则腹脐逐渐变圆，进入第Ⅵ期变态的幼蟹就可以用腹脐来鉴别雌雄。

5）河蟹的生长速度受环境条件，特别是饵料和水温的制约。条件适宜、饵料丰富、水温适合时，河蟹生长较快，蜕壳频率就高，每次蜕壳，体重和体长增加的幅度也较大。反之，蜕壳较慢，蜕壳后的生长、增长率都较小。通常早期幼蟹的蜕壳次数较频繁，在条件适宜下，大眼幼体一般 4 ~ 5 天即可蜕皮变态为第 I 期仔蟹，以后每隔 5 ~ 7 天、7 ~ 10 天相继蜕壳成第 II、III 期仔蟹。但随着幼蟹的生长，蜕壳的次数和每次蜕壳的时间间隔渐次延长，因而在培育仔幼蟹中，通常用 50 ~ 60 天的时间完成仔幼蟹的第 V ~ VII 期变态。

#### 4. 成蟹期

通常人们所说的成蟹包括黄蟹和绿蟹，成蟹即性腺成熟的蟹。

在河蟹生殖洄游之前，尽管其性腺还没有完全成熟，但人们在品尝熟蟹时仍能感到味道鲜美，因而也把它列入成蟹之列。此时雄蟹的步足上刚毛比较稀疏，雌蟹的腹部尚未长满，即尚不能覆盖腹脐的腹面，蟹壳的颜色略带黄色，人们称之为"黄蟹"。

黄蟹在洄游过程中再进行其生命历程中的最后一次蜕壳，性腺迅速发育。雄蟹步足的刚毛粗长而发达，螯足绒毛丛生，显得大而老健；雌蟹腹部的脐明显加宽增大，四周密生的酱油色或墨色绒毛盖住了整个腹部，成为典型的团脐，蟹壳转为墨绿色且较坚硬，人们称之为"绿蟹"。

#### 5. 亲蟹期

亲蟹（抱卵蟹）是指交配产卵后抱卵的雌性河蟹。雌蟹的腹脐（腹部）内侧有 4 对双肢型附肢，叫腹肢，腹肢中的内肢是雌蟹用来产卵时附着卵粒的地方。即河蟹交配受精后产出的卵不像鱼卵散于水中，而是先堆集于雌蟹腹部，然后再黏附于内肢的刚毛上孵育，这种附肢附着受精卵的雌蟹，因形似抱着卵一样，而称之为抱卵蟹，抱卵蟹经春末夏初自然孵化后就死亡。

#### 6. 软壳蟹

河蟹的生长总是伴随着蜕皮、蜕壳而进行的，幼蟹或黄蟹不仅蜕去坚硬的外壳，它的胃、鳃、前肠、后肠等内脏也一同蜕去。刚蜕壳后的新蟹体色新鲜，螯足绒毛粉红色，活动能力较弱，全身柔软，无摄食和防御抵抗能力，称之为"软壳蟹"或"蜕壳蟹"。软壳蟹往往成为蟹类互相残食的主要牺牲者。新壳在一昼夜后即可钙化达到一定的硬度而恢复正常活动。黄蟹最后一次蜕壳变为绿蟹后，不再蜕壳。

# ——第三章——
# 河蟹的繁育

由于河蟹是在淡水中生长，在咸水中繁殖，因此人工繁殖河蟹需要特别的水资源和相应的技术，对于广大养殖户来说，这是不方便使用的。为了保证本书的系统性、完整性，所以只是对河蟹的育苗技术简单地做一点了解，并未对河蟹的繁殖育苗机制进行深入介绍。

## 一 河蟹的生殖洄游

河蟹是一种在淡水中生长发育，在海水中繁殖后代的甲壳动物。在天然水域中，刚刚孵化的河蟹幼体经过大眼幼体期以后，便从江河出海口迁移到内陆的淡水江河、湖泊、港渠之中，定居 16～17 个月，经过 2 个秋龄的生长发育后，进入生殖洄游的时间。决定河蟹生殖洄游的主要内在因子是它们性腺的发育程度，当雄蟹的精子细胞变态为精子，雌蟹的卵母细胞由生长期转为成熟前或成熟期时，河蟹的生殖洄游逐渐走向高峰。洄游高峰期的出现是河蟹性细胞成熟的标志。在生殖洄游期，河蟹的摄食明显减少，性腺发育的营养来源主要依靠肝脏的营养转化，为河蟹产卵繁殖做好了物质准备。

当河蟹的性腺发育成熟后，河蟹在秋、冬季节（即寒露至立冬）成群结队地顺水而下，向它们"出家"时的江河出海口处迁移。这就是通常所说的"西风响，蟹脚痒，返故乡"。然后在出海口的水域内进行抱对交配。

## 二 亲蟹的选择

在河蟹的养殖生产上，我们将达到性成熟且具有繁殖后代能力的河蟹称为亲蟹，因此亲蟹是进行河蟹人工繁殖的物质基础。俗话说"巧妇难为无米之炊"，只有具备数量充足、质量较好的亲蟹，才能保证人工繁殖得以顺利进行。

**1. 亲蟹选留的标准**

为了保证种质的纯正，最好是从江河、湖泊等自然水域收集野生的绿蟹。亲蟹既包括母蟹（雌蟹），也包括公蟹（雄蟹），根据生产的需求，通常应选择性腺成熟、蟹体健壮、肢体齐全、体表干净、肢壳坚硬、爬行活跃、肥度好、规格整齐、反应灵敏的蟹作为亲蟹，对于那些附肢缺少或身体有病的河蟹绝不能作为亲蟹。另外不同性别的亲蟹在体重上也有讲究，可选择体重在100g以上的二秋龄绿蟹作为亲雌蟹，雄蟹的体重则要大一些，一般以选择150g左右的为宜。按雌雄比例为2:1或3:1搭配为宜。

**2. 雌雄的鉴别**

为了更好地安排生产，必须做好亲蟹的雌雄配比，因此需要对雌雄河蟹进行准确的鉴别。用于繁殖用的雌雄亲蟹在鉴别上特别容易，几乎所有从事养殖或经营的人员都能快速鉴别出来，一是看亲蟹的腹面的脐，如果脐是呈三角形的就是雄蟹，如果脐是呈圆形的，那么就是雌蟹；二是看河蟹的大螯，螯足大且粗壮，上面密布黑黑的毛的是雄蟹，如果螯足上的毛非常稀疏的则是雌蟹（图2-2、图3-1）。

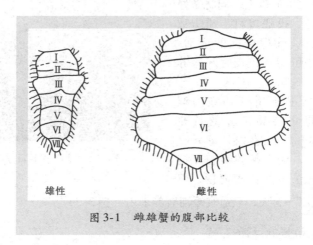

图3-1　雌雄蟹的腹部比较

**3. 选留的数量**

雌雄亲蟹选留多少，就得根据生产量和实际需要来决定，一般

每千克亲蟹（包括雄蟹）可生产蟹苗（大眼幼体）0.3～0.5kg，雌雄性比可按2∶1配对，例如一家养殖场需要蟹苗400kg，那么就需要1000kg的亲蟹，雌蟹约660kg，雄蟹约340kg就可以了。

**4. 亲蟹的选留时机**

选留时间可在10～11月进行，这时的亲蟹发育程度最好，雄蟹的蟹膏肥厚，雌蟹的蟹黄饱满，是最佳的选配时间。

### 三 亲蟹的暂养

为了保证亲蟹的繁殖率，减少它们的损伤，对于已经选留好的亲蟹最好在当天运至育苗场。如果不能当天运走或亲蟹数量不足时，则需就地进行暂养。

根据河蟹的生理特点，目前亲蟹暂养的方法有室外暂养和室内暂养两种。

1）室外暂养，又称为笼养，就是选用竹制或木制的笼子，按要求做成一定规格，每笼放25～30只亲蟹，为了防止亲蟹过早流产，必须将雌雄亲蟹分开暂养。将装好亲蟹的笼子悬吊在水质清新的外河或经常换水的池塘中，一定要注意的是暂养笼在吊挂时，底部必须离池底50cm以上，同时做好定期检查、投喂饵料、预防敌害的工作，确保亲蟹的成活。这种方法可用作较长时间暂养用（彩图3-1）。

2）室内暂养又叫室内湿放，是指将装满亲蟹的竹笼（或木桶）放在室内，每天喷水二三次，使亲蟹的鳃腔保持潮湿。此法虽然比较简便，但

图3-2 亲蟹暂养箱

仅可存放2～3天，只适宜短期暂养采用（图3-2）。

### 四 亲蟹的运输

由于河蟹性成熟前都是在淡水中生长发育的，而河蟹的繁殖是需要淡水的，因此亲蟹一般都是需要长途运输的。

**1. 做好运输前的准备**

根据运输亲蟹的数量、规格和运输里程等情况，确定装运时间、装运密度、起运时间、到达时间，另外人力安排、运输工具、消毒药物、水草、蒲包、竹笼等都要准备好，做到快装、快运。

**2. 快速装运**

由于亲蟹是担负着繁育后代的重任，因此对它的运输不能掉以轻心，根据路途远近和运输量大小，组织和安排具有一定管理技术的运输管理人员，以利做好起运和装卸的衔接工作，以及途中的管理工作，以尽量缩短运输时间。在装运前囤养 1~2 天，让蟹排净粪便。亲蟹运输前，应先在竹笼内垫些水草或蒲包，将亲蟹平整地放在水草或蒲包中，放满后将其包扎紧固定，以防亲蟹爬动。装运时操作要轻柔、敏捷，尽量减少对蟹的刺激，力求避免损伤亲蟹，尤其是亲蟹的附肢不能断损。然后将装满亲蟹的竹笼放在清水中浸泡数分钟，然后将亲蟹笼装入汽车或轮船上起运。运输途中既要防风吹日晒，又要防止通气不良、高温闷热，因此尽量选择早、晚或凉爽的天气运输。

> ➡ **【提示】** 如果运输距离较远，途中还应定时洒水，使亲蟹始终保持在潮湿、通气良好的环境中，以提高亲蟹运输的成活率。

### 五 抱卵亲蟹的运输

一般情况下抱卵河蟹是不提倡运输的，这是因为抱卵河蟹的腹部有大量卵粒（胚胎）附着，因此，对外界环境条件的变化十分敏感。一般认为，抱卵蟹尤其是胚胎已发育至晚期的抱卵蟹难于长途运输。抱卵蟹的运输是一种迫不得已的办法，可能是因为亲蟹数量不够，而此时的时间已经过了，只能从别的苗种培育场直接调运已经抱卵的河蟹了。

首先将箅篓底部铺厚约 8cm 的水草，然后依次放一层蟹，铺一层水草，最上边盖以 10cm 的一层水草遮面；包装时应注意将抱卵蟹腹部朝下，不翻放，不侧放，不叠放；包装后，喷足原池半咸水，即刻启程。将箅篓放置在振动较小、无强风吹拂的双排座汽车的后

排座位上，途中按时检查亲蟹是否移位，并且根据水草的湿润程度，及时用原池中的半咸水喷浇，到达目的地，经逐只检查后，及时投入池中。

### 六 亲蟹的饲养管理

运输到繁育场的亲蟹要经过越冬饲养后方能用于繁殖，通常有笼养、室内水泥池饲养和室外露天池饲养等方式，以露天池饲养为主。

**1. 越冬池的选择**

室外露天池一般都是土池，越冬池应选择在避风向阳、靠近水源、环境相对安静的地方，东西走向，长方形或正方形土池，面积以 1~3 亩为宜，水深 1.5m 以上，土质以泥沙土或黏土为好。亲蟹入池前要做好清池工作，彻底清除池底淤泥，并对池底进行翻耕、晾晒 10 天以上。消毒一般采用生石灰（75~100kg/亩）或漂白粉（7~8kg/亩）全池泼洒，7 天后注水，老池还要清除池底的污泥，建好防逃设施，池子水深保持在 1.2~1.5m。

**2. 亲蟹的放养**

亲蟹放养时要将雌、雄亲蟹分开，用淡水饲养，每亩放亲蟹 200~400kg。

**3. 饲料投喂**

选择营养丰富的鲜活饵料，如沙蚕、鲜杂鱼等定期投喂，还可以喂咸带鱼、青菜、稻谷、麦子等，日投喂量一般为亲蟹总体重的 8%~12%，每天在日落前投喂 1 次，沿土池四周将饲料投入水位以下，第二天巡池检查亲蟹摄食情况，清除残饵，同时调整投喂量。多个饵料种类要交替投喂。

**4. 水质调控**

抱卵亲蟹越冬期间，重点要保持水环境的相对稳定，其主要水质指标每隔半个月监测一次，以盐度 25‰左右，溶解氧 5mg/L 以上，pH7.8~8.7 为好。渗漏的土池每隔 5~7 天添水 1 次，以保持水位在 1.5m 以上。可以不换水，如果需要换水，每次换水量应不超过总水体的 30%。水体封冻时，要插入适量草把，并在每天早晨太阳升起以前破冰，及时清扫冰上积雪。

**5. 日常管理**

每天早、晚各巡塘 1 次，以观察亲蟹的活动情况、摄食情况及水色变化等；检查防逃设施是否破损；每隔半个月要定期镜检抱卵亲蟹的受精卵发育情况，及时采取和调整管理措施，以保证抱卵亲蟹顺利越冬。

### 七 河蟹的交配产卵

**1. 交配产卵池的选择**

河蟹的交配产卵池面积以 0.5 ~ 1 亩为宜，池底以沙质为好。

**2. 亲蟹的配组发情**

每年 12 月至第二年 3 月上中旬是河蟹交配产卵的盛期。在水温 8℃以上，选择晴朗的天气，将性腺成熟的雌、雄河蟹按（2 ~ 3）∶1 配组后，一同放入海水池中，即可发情交配。

**3. 亲蟹的发情交配**

亲蟹受到海水刺激，很快会有发情反应，但雄蟹发情较早。发情的雄蟹尽力地追逐雌蟹，用其强有力的大螯足钳住雌蟹的步足，如果此时雌蟹尚未发情，便会竭力挣脱；当雌蟹也开始发情时，便会将步足、螯足收拢，任凭雄蟹携带而行。待雄蟹找到安静而且光线弱处或有隐蔽物处，便将雌蟹松开，并伸展其步足，雌蟹往往静呆在雄蟹腹部下面，待雌蟹达到性高潮时，双方拥抱，进行交配。

**4. 亲蟹的产卵受精**

在雌雄亲蟹交配的时候，雌蟹主动打开腹部，暴露出胸板上的生殖孔，雄蟹随即趁势打开腹部，并将它按在雌蟹腹部的内侧，使雌蟹的腹部不能闭合，与此同时，雄蟹的一对交接器末端使劲地紧压在雌蟹的生殖孔上，由交接器运动挤压，将其精荚插入雌蟹的生殖孔内，直到将其精荚储于雌蟹的纳精囊内，待纳精囊内储满精荚，交配才算完成。

一般在水温 9 ~ 12℃、海水盐度 8‰ ~ 33‰时，河蟹能很快自然交配，经过 7 ~ 16h 顺利产卵受精。

### 八 抱卵蟹的饲养

**1. 检查抱卵情况**

雌雄亲蟹放入交配池中 20 天左右，可排干池水，检查雌蟹的抱卵情况，如果有80%以上的雌蟹已抱卵，应及时将雄蟹捕出，重新注入海水，饲养抱卵蟹。

**2. 抱卵蟹的投喂**

抱卵蟹通常也是在交配池中直接饲养的，要科学合理投喂咸带鱼、蚌蛤肉、沙蚕、蔬菜等饵料，使抱卵蟹吃饱、吃好，避免因饵料不足出现抱卵蟹摘卵自食的情况。

**3. 抱卵蟹的管理**

3月后，气温、水温逐渐升高，再加上抱卵蟹的食量大，排泄物多，池水容易恶化。因此，要特别注意加强水质管理，一般3~4天换1次水，每次换水1/3~1/2，保持水质清、新、活、爽。

> 【提示】 换水时要注意保持池水水温和盐度相对稳定，为蟹卵创造一个良好的环境条件，以促进胚胎发育。

## 九 受精卵的孵化

受精卵有内外两层卵膜，外膜因吸水而膨胀，两层膜间产生黏液，会黏附在雌蟹腹肢的刚毛上。由于雌蟹腹部不断煽动以及腹肢的活动，使黏附在刚毛上的卵群就像许多长串的葡萄一样。这种腹部携卵的雌蟹，称为抱卵蟹或抱仔蟹。抱仔蟹的怀卵量与其体重、规格成正比。体重100~200g的雌蟹，抱卵量可达30万粒以上。人工养殖越冬抱卵蟹，所获抱卵蟹孵出幼体后不需要再交配，可继续第二、第三次产卵，过去这种生理效应常被用于人工育苗的二次孵幼。实践证明，二次抱卵所孵的幼体，其个体规格、体制都不利于养殖生产，现在生产育苗中多数已不再采用二次抱卵蟹育苗。

因冬末至夏初水的温度很低，其胚胎发育较为缓慢，故早期产的卵孵化时间较长，一般为3~4个月；晚期产的卵孵化时间较短，一般为1~2个月。孵化出膜的溞状幼体，经过5次蜕皮，发育成大眼幼体，俗称蟹苗。

# ——第四章——
# 河蟹的苗种培育

## 第一节 仔幼蟹的培育

### 一 仔蟹阶段的特点

河蟹蟹苗离开亲蟹母体后，不能立即投入养殖环节中，这是因为：一是蟹苗个体弱小，逃避敌害的能力差；二是蟹苗的取食能力低，食谱范围狭窄；三是蟹苗对外界不良环境的适应能力低。因此必须要将蟹苗进行适当的中间培育后，才能进行成蟹的养殖，我们将这种在生产上进行蟹苗中间培育的过程称为仔幼蟹的培育。在生产上，将大眼幼体培养 15 ~ 20 天蜕壳三次后称为Ⅲ期仔蟹，这时规格达 16000 ~ 20000 只/kg，即可将它们投放至大水面或池塘中饲养。从大眼幼体到Ⅲ期仔蟹，称为仔蟹（俗称豆蟹）培育。

为什么选择Ⅲ期仔蟹作为仔蟹培育阶段呢？这是因为从Ⅲ期仔蟹阶段开始，河蟹将由蟹苗的生活习性逐步过渡为幼蟹和成蟹的生活习性。因此仔蟹阶段是一个重要的过渡阶段，它们在形态、和生态上发生了以下变化。

1）体内盐度的过渡，在此阶段，河蟹由幼体的盐度逐步过渡为成体所需要的盐度，即由咸淡水逐步转化为淡水。

2）栖息习性的过渡，通过仔蟹培育，蟹苗的生活习性由最初的浮游状态逐步过渡到与幼蟹、成蟹相似的爬行习性，同时它们逃避敌害的能力大大加强。

3）它们在食性上的过渡，刚刚脱离母体的溞状幼体都是以浮游动物为食；经过蜕皮后的大眼幼体则以食浮游动物为主，兼食水生

植物；而仔蟹阶段的食性则发生了明显的改变，由以食浮游动物为主过渡到以食植物性饵料为主的杂食性。

4）形态上的过渡，溞状幼体呈水溞形；大眼幼体呈龙虾形；而Ⅰ、Ⅱ期仔蟹外形虽像蟹形，但其壳长仍大于壳宽；至Ⅲ期仔蟹，其壳长才小于壳宽，形态真正与幼蟹、成蟹相像。

此外，一般从蟹苗培育到Ⅲ期仔蟹需 15～20 天。如果再延长，蜕壳四五次，培育时间延长至 30～40 天，此时正遇高温季节，在运输上困难更大，而且在养殖上其水质、饵料的矛盾更大。因此，无论从生态习性变化还是生产季节需要，蟹苗培育至Ⅲ期仔蟹即可出池分养。由此开始转入幼蟹培育阶段。

## 二 仔幼蟹培育的意义

河蟹的大眼幼体（即常说的蟹苗），体小纤弱，平均体重 6～7mg，营游泳生活，喜集群、顶风逆流，在岸边生活，食饵范围较狭窄，取食能力低，对环境改变的适应和抵御敌害的能力差。蟹苗经一次蜕壳后变为幼蟹，平均体重在 10mg 以上，附肢已成雏形，掘土营底栖生活。第Ⅲ期仔蟹已开始在底泥打洞，穴居生活，对光线有回避性，喜在阴暗处生活。白天极少活动，傍晚开始觅食，能攀爬、游泳，以攀爬为主，其生活能力、活动能力及防御敌害的能力比蟹苗强得多。

在河蟹的整个发育史上，大眼幼体阶段是河蟹生活史上的薄弱环节，河蟹往往会在这一时期内大量死亡，在目前河蟹的自然资源日益枯竭的情况下，这无疑对生产非常不利。如果直接投放天然蟹苗或人工培育的蟹苗，无论是放流于天然湖泊还是用于小水体精养，都只能取得极低的成活率和回捕率。由于蟹苗个体小，寻找食物、逃避敌害及对环境的适应能力都比较低，往往会造成大批量的死亡，或被其他水生生物所吞食，造成蟹苗的极大浪费。

经过各地水产工作者和养殖生产者的多年研究、探索和实践，目前已经找到了解决这种问题的方法：即将蟹苗放在小水体里精心培育 20 天左右，使蟹苗变态成Ⅱ～Ⅲ期仔蟹，然后进行分塘，经过1 个月左右培育成Ⅴ～Ⅶ期的幼蟹后，再投入大水体中进行增养殖。由于小水体具有水质容易控制，投喂、管理、捕捞方便且劳动强度小的优点，因而仔幼蟹培育的工作已成为养蟹生产的一个必要的中间阶段。特别是从1990年开始，在市场经济的推动下，随着河蟹热的升温，河蟹市场价格的抬高，当年生产、当年受益已成为养殖户追求的生产目标。为了实现当年投苗、当年产蟹、当年受益的目标，在江、浙、皖一带，研究者率先攻克了当年早繁苗培育仔幼蟹后再生产成蟹的技术，使得大棚增温育苗迅速推广。

通过塑料大棚的增温保温作用，强化培育当年早繁蟹苗，仅用一个多月的时间，大眼幼体就变态成 V～Ⅶ期幼蟹，这时再投放在各种水体中进行人工养殖。当年农历九、十月间即可起捕上市，规格可达 50～100g 左右，平均可达 75g，这样大大缩短了养殖周期，降低了养殖成本，提高了经济效益。

随着人们对河蟹自然生长生活习性的重视，加上当年小河蟹价格越来越低，受到市场的冲击越来越大，从2002年开始，全国各地逐渐重视露天土池培育幼蟹的工作，并渐渐取代了温棚培育仔幼蟹的做法，本书的土池培育仔幼蟹部分重点介绍了土池培育幼蟹的技术。

### 三 仔幼蟹培育的方式

经从事水产工作者多年的实践经验总结，形成了几种颇具特色的仔幼蟹培育方式。

从培育场所来划分，可分为水泥池培育、网箱培育和土池培育三类；从培育所需的温度来考虑，可分为常温培育（又叫露天培育）和恒温培育（又叫温棚培育）两类。露天培育对温度的要求不高，受外界的气候如温度、风向、风力、天气等因素的影响较大，可控性较差，而且幼蟹出池规格大小悬殊，出现"懒蟹"的比率较高，成活率偏低，经济效益特别是当年效益不太理想。但露天培育对第二年的蟹种进行有目的的控制与培育有利，性成熟蟹种比例较小。温棚培育即通过人为控制，在相对封闭的温棚这个生态系统内进行人工调节水温，此种方式受外界环境的影响较小，可大大提高成活率，而且出池规格较整齐，"懒蟹"的比率降低，大大缩短了养殖周期。利用温棚培育当年早繁苗并养殖成商品蟹是成功的，既减少了特种水产品在生产上的风险性，又提高了经济效益，是致富的好途

径（彩图4-1）。

水泥池培育、网箱培育及土池培育，是仔幼蟹培育的不同载体，它们既可以在露天下培育，又可以在温棚内培育。

### 四 网箱培育仔幼蟹的技术要点

培育仔幼蟹的网箱是用尼龙筛绢或聚乙烯网布制成的，网目为8～9目/cm，以不使蟹苗逃逸为度。在适度范围内，当网眼大时，流水通畅，效果更佳。网箱大小无严格规定，一般规格采用2m×1m×1m或4m×3m×1m，体积以4～10m³为宜。网箱可分为固定网箱和活动网箱两种。固定网箱四角用竹竿扎紧上下两角，竹竿插在泥中，使网箱各边拉紧挺直，不要折弯形成死角，否则会导致蟹苗进入死角难以觅食与活动而死亡的现象发生；活动网箱用木架或竹框支撑起，使之浮于水面。网衣下沉水中约70～80cm，网箱上部用同规格的网片加盖封顶，但需留一个可供开闭的出入口。在开口处缝拉链或用铁夹夹牢，便于放苗、投喂及管理检查等，也可以在网箱露出水面的部分缝接30cm的尼龙薄膜，用线和支架垂直拉挺，以防幼蟹逃跑和青蛙等水生动物入箱。网箱可选择在具有一定水流的河流、湖泊、水库或大水面池塘中放置，要求水体的水质清新无污染，水深2m左右，避风向阳，溶氧充足。网箱培育仔幼蟹由于其自身的特点，常用来露天培育，在温棚中一般不用。在设置网箱时，不能直接将网箱贴在底泥上面，也不宜将整个网箱压在水草丛上，以免造成底层缺氧导致蟹苗死亡现象的发生。若网箱有若干个时，箱距4～5m，行距5～6m，这样便于集中操作管理。投放蟹苗密度一般以2～3万只/m³为宜。据统计分析，投放密度较稀，成活率则较高，仔幼蟹个体就大，相反，投放的密度越高，其成活率就下降，出箱规格就小；另一方面，网箱中培育的时间越长，仔幼蟹的成活率越低，一般用15～20天培育成Ⅱ～Ⅲ期仔蟹再适时分箱进行Ⅳ～Ⅵ期幼蟹培育。由于网箱培育仔幼蟹时，箱体中无穴居的可能，所以必须投放水草以作为大眼幼体和仔幼蟹的附着物，增加它们栖息隐蔽的场所。适合于投放的水草种类主要有水花生、苲草、黄丝草、金鱼藻、轮叶黑藻等，投放采用捆扎成束并用沉子固定的方法，一般投放1～2kg/m²。培育仔幼蟹的早期饵料，采用鲜鱼糜、黄豆浆、枝角类（如俗称红虫的美女溞）、水蚯蚓等，以后逐渐增加碾压过的螺蚌肉、菜饼、豆饼、米糠、豆渣、猪血等。投喂量要充足，否则会发生自相残杀、弱肉强食的现象。投喂方法宜少量多次，前期每天4~6次，后期逐渐降为每天二三次。另外对网箱要定期检查，常洗涮，保证水流畅通及良好的水质；要勤检查网衣，看是否有破损，要防止老鼠咬破网衣，造成仔幼蟹从破损处逃逸。

### 五 水泥池培育仔幼蟹的技术要点

水泥池要求用砖砌而且池壁要抹得光滑，池角要圆钝无直角。水泥池培育仔幼蟹时水位不宜太深，以免软壳蟹因受压力太大而沉底窒息死亡，一般水深控制在30~50cm，在水位线以下的池壁抹粗糙些，以利于幼蟹攀爬，水位线以上的部分尽可能抹光滑些，以防幼蟹逃跑。为了防止幼蟹攀爬或叠罗汉逃逸，可在池壁顶部加半块砖头做成反檐。在蟹苗入池前，必须对水泥池进行洗涮和消毒，用板涮将池内上上下下涮洗二三遍后，再用100mg/L的漂白粉全池洗涮一遍，即达到消毒目的（新建水泥池还需用烧碱溶液浸泡，除去硅酸后方可使用）。进水时，用40目的筛绢过滤水流，以防止野杂鱼及水生敌害昆虫进入池内危害幼蟹。在培育池中，人工放置可供蟹苗栖息、隐蔽的附着物，各地可因地制宜地使用，例如芦苇叶及其茎束、经煮沸晒干的柳树根须、水花生等，把它们扎成小把，悬挂或沉入池底，还可放紫背浮萍、水葫芦、苦草等。水草面积应占池子面积的1/4~1/3。蟹池中放置水草的作用，主要是调节水质和提供蟹苗栖身以及摄食的场所。在培育技术高、条件好的地方，尤其是蟹苗放养密度超过5万只/m³时，要采用机械增氧或气泡石增氧。机械增氧主要是用鼓风机通过通气管道将氧气送入水体中，慎用增气机直接搅水增氧。放置气石时，每平方米放一块气石并使之连续送气，这样不仅保证了水中较高的溶解氧，而且借助波浪的作用使大眼幼体或仔幼蟹比较均匀地分布于池水中。在培育期间，要经常换水，通常3天换水1次，换水量为池水的1/3左右，保证水质清新。每天要求定时、定点、定质、定量投喂。饵料的种类以营养价值高、易消化的豆浆、豆粉、血粉、鱼粉、蛋黄比较适宜，尤其

第四章 河蟹的苗种培育

以枝角类和水蚯蚓等天然活饵料为最佳，因为这类活饵既可以节约饵料，又能满足仔幼蟹的蛋白质需要，更重要的是其对水质影响较小。在初始阶段，蟹苗主要营浮游生活，饵料可搅拌成糜状或糊状均匀地撒在水中，待到Ⅱ期变态后，可将饵料投放在水草叶面上，让幼蟹爬上来摄食。经过15~20天的培育，可分池进行Ⅲ~Ⅵ期的幼蟹培育，管理方法及饵料投喂与仔蟹培育时相似。

## 六 土池露天培育仔幼蟹的准备

利用土池培育仔幼蟹，具有造价低、管理方便、水质较稳定、生产上易于推广等优点；缺点是在露天培育下水温不易控制，敌害较多。例如曾有人解剖过进入培育池中的青蛙，每只青蛙腹中有蟹苗20只左右，最多的高达221只。因此在培育前做好准备工作是提高河蟹苗种成活率的重中之重。

### 1. 建池

土池多为东西走向，长方形，一般池宽有5.5m和8.0m两种。面积依培育数量而定，一般每池面积在80~120m²之间，水深在80~120cm。在池底铺5~10cm厚的黄沙，对吸附杂质、稳定水质、提高育苗成活率起到重要作用。

建池时应考虑水源与水质。水源充足、水质良好、清新无污染且以有一定流水的条件为佳。水体pH介于6.5~8.0之间，以pH7.0~7.4为最好。土池应建在安静无嘈杂声音的地方，选择避风向阳的场所，保证仔幼蟹蜕壳时免受干扰。对底质要求以壤黏土为佳，不宜使用保水性差的沙质土（图4-1）。

图4-1　专用的蟹苗培育土地

### 2. 增氧设备

增氧机的使用功率可依需要而决定，一般在生产上按25W/m²的功率配备，每个培育池（面积150m²左右）可配备功率为250W的小型增氧机两台，或用375W的中型增氧机1台，多个培育池在一起时，可采用大功率空气压缩机（图4-2）。

输送管又叫通气管或增氧管，采用直径为3cm的白色硬塑料管（食用塑料管为佳）制成，在塑料管上每间隔30cm打两个呈60°角的小孔，大小可用大号缝被针，经火烫后刺穿管子即可。将整条通气管设置于离池底

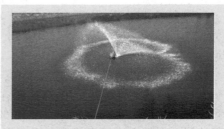

图4-2　增氧机正在增氧

5cm处，一般与导热管道捆扎在一起放置，在池中呈"U"字形设置或盘旋成三四圈均匀设置，在管子的另一端应用木塞或其他东西塞紧不能出现漏气现象。也可将输送管置于水面20cm处，通过气砂石将氧气输送到水体的各个角落，效果也不错。蟹苗入池后，立即开动增氧机，在大眼幼体蜕皮成Ⅰ期仔蟹（3~5天），要保持不间断地向池中充气增氧（若增氧机使用时间过长，机体发热时，可于中午停机1~2h），确保水中含有丰富的溶氧，有利于大眼幼体的变态。在顺利进入Ⅰ期仔蟹后，增氧机的开机时间可有所调整，在正常天气、水温条件下，每天可开机6~8次，每次1~2h。

> ⊙【提示】增氧机开机的原则是：阴雨天多开机，晴天少开机；白天天气晴朗时，可数小时不用开机；夜间多开机，白天少开机；光照强、光合作用旺盛时少开机；育苗前期多开机；蜕壳高峰期时多开机。

### 3. 栽种水草

培育池中的水草通常有聚草、菹草、水花生等。栽种水草的方法是，将水草根部集中在一头，一手拿一小撮水草，另一手拿铁锹挖一小坑，将水草植入，每株间的行距为20cm，株距为15~20cm。

水草在仔幼蟹培育中，起着十分重要的作用，具体表现在：模拟生态环境、提供丰富幼蟹的食物、净化水质、提供氧气、为幼蟹提供隐蔽栖息场所、可供幼蟹攀附、可以为幼蟹遮阴、提供摄食场

所和防病作用。

4. 其他设施

**（1）投喂工具** 磨碎小鱼、肉糜、豆浆用的磨浆机一台，功率为 750W。投喂用的塑料盒、塑料桶、水勺各 1 个，过滤饵料的滤布 1 块。

**（2）检苗工具** 检苗工具有两种，一种市面上有售，规格为 10cm×15cm，形似苍蝇拍，用 60 目筛绢缝制；另一种为自制，形似簸箕，底部规格为 50cm×50cm，也用 60 目筛绢缝制。平时为了检查仔幼蟹分布情况、摄食情况、底泥淤积程度，可分点打苗抽样，检苗工具也可用于随机抽样估测蟹苗数量。

**（3）取苗工具** 主要是三角抄网、手推网和蟹笼。

**（4）防逃设施** 蟹苗和仔幼蟹的身体轻便，具有较强的攀爬逃逸能力，特别是水体中的水质恶化时，其逃逸趋势加剧，因而在育苗前就要注意防逃设施的安装。

## 第二节 仔幼蟹的饵料来源及投喂技术

### 一 河蟹幼体的饵料

刚从母体中孵化出来的幼体，都是以天然饵料作为开口饵料的，培育常用的活饵料以藻类、轮虫和卤虫为主，并辅以用鱼肉、蛋黄等制成的人工微颗粒饵料。投喂方法为全池泼洒，坚持少量多次，以后每天投喂 4~6 次，投喂量可适当增加。饵料要求新鲜、适口、喂足、喂均匀。饵料颗粒的大小也应随着幼体的生长而逐渐加大。投喂动物性活饵料时，要掌握好投喂量，以当天吃完为原则，以免活饵料吃不完留在培育池内与河蟹幼体争空间、争氧气、争营养物质。

### 二 仔幼蟹的饵料

仔幼蟹的摄食方式和成蟹相似，用螯足捕食和夹取食物，然后把食物送到口边用大颚将食物咬碎。食性为杂食性，对新鲜鱼糜、螺蚌肉糜尤为喜爱，但不能充分利用鱼皮，因此在仔幼蟹培育期应注意动物性饵料的投入。

仔幼蟹的饵料包括动物性饵料和植物性饵料，最好的是浮游生物如枝角类等天然饵料。由于天然饵料产生的高峰期有时间限制，加上数量有限，因此主要还是依靠人工投喂。动物性饵料有鲜鱼、螺蚌、鸡蛋、蚕蛹等；植物性饵料除栽种水草外，主要投喂黄豆、豆饼。

由于幼蟹对鱼皮不能利用，故小鱼应煮熟后磨碎再投喂；螺蚌去壳后再投喂；鸡蛋煮熟后取其蛋黄过滤后投喂；黄豆泡 12h 后磨成浆汁再投喂。按照仔幼蟹各期对营养的不同需求，确定最佳配比方案，然后将鸡蛋黄、鱼肉、螺蚌肉、豆浆一起搅拌在磨浆机中磨碎，用 40 目的筛绢过滤去渣滓，再均匀泼洒投喂。

### 三 仔幼蟹投喂技术

投喂次数原则上是在大眼幼体至Ⅰ、Ⅱ期变态后，每天五六次，每日投喂量占蟹体重的 100%；进入Ⅲ、Ⅳ期变态后，每日四五次，每日投喂量占蟹体重的 80%；进入Ⅴ、Ⅵ期变态后，每日投喂 2~4 次，日投喂量占幼蟹体重的 50%~60%，投喂时间及投喂量以晚上占 60% 为主，以适应仔幼蟹昼伏夜出的天然生活习性。

## 第三节 大眼幼体的鉴别和运输

目前，养蟹生产中流通的蟹苗，其繁育亲本有长江蟹、辽江蟹、瓯江蟹等之分。不同品系的河蟹在不同的养殖环境中，其个体大小、生长性能存在不同的特点。因此在不同地域养殖河蟹应结合当地的气候条件、水质特点选择合适的品种进行养殖，以实现最佳的经济效益。

### 一 蟹苗出池

幼体经变态成为蟹苗，也就是大眼幼体后，再经 5~7 天的培育就可出池。蟹苗出池前，应向培育池内不断加入淡水进行淡化处理，至蟹苗出池时，池水的盐度应小于 5‰，为的是使其逐步适应淡水环境，为蟹种的培育打好基础。出苗则采取在育苗池出水口处加一个 0.6mm 的网箱，拔去出水孔塞子，让水流进网箱集苗即可。出苗前

应放掉部分池水，以减轻池底压力，防止出水孔因压力较大而挤伤蟹苗。

## 二 大眼幼体质量的鉴别

大眼幼体（即蟹苗）因其一对较大的复眼着生于长长的眼柄末端，显露于眼窝之外而得名，它不但具有发达的游泳肢，而且有较强的攀爬能力，经过一次变态就蜕皮成第Ⅰ期仔蟹。所谓培育仔幼蟹，就是把购进的大眼幼体在培育池中进行培育，经变态、蜕壳成Ⅴ～Ⅵ期幼蟹。

据调查分析，有不少育苗户由于购买蟹苗不当，造成严重的经济损失，因此正确鉴别蟹苗质量非常重要。若要购买到优质蟹苗，必须注意以下几点。

**1. 查询法**

购买人工繁殖的蟹苗时，若有可能，最好是要查询雌蟹亲本的个体大小及发育程度，判断蟹苗的孵化率及个体发育状况。同时也要仔细询问蟹苗的日龄、饵料投喂情况、水温状况、淡化处理过程及池内蟹苗密度。若一般饲养管理较好，蟹苗日龄已达5～7天，淡化超过4天，且经过多次淡化处理，淡化盐度降至2‰～4‰，并已维持1天以上，大小均匀比例达80%～90%的蟹苗，说明该池蟹苗质量较好，反之，购买时应慎重考虑。

另外还可查询一下亲蟹的培育方式，应选择本地培育的优质苗。一般土池培育的蟹苗较工厂化培育的蟹苗有更强的环境适应性。在同等条件下，应以土池培育的蟹苗为首选。

**2. 池边观察判断法**

1）观察蟹苗的活动能力。在人工繁育的蟹苗池边，注意观察池内蟹苗的活动情况，包括游泳能力、攀爬能力及趋光性的敏锐度，同时观察池内蟹苗的密度。如果蟹苗游泳姿态正常、游动能力强、苗体健壮、规格均匀、体表光洁不沾污物、色泽鲜亮、活动敏捷、攀爬能力及对光线的趋向性强、池内蟹苗密度过大，每立方米水体超过8万～10万只，说明该池蟹苗质量较好。反之，购买时应慎重考虑。

2）观察蟹苗在水中游泳的活力和速度的快慢。选择在水中平游，速度很快，离水上岸后迅速爬动的健康苗；不选在水中打转、仰卧水底、行动缓慢或聚在一团不动的劣质苗。

3）观察蟹的吃食情况，蟹苗胃里有饵、蟹苗池边无残饵杂质和死苗等都是质量好的蟹苗。

**3. 称重计数法**

将准备出池的蟹苗用长柄捞网或三角抄网任意捞取一部分，沥干水分用天平称取 1~2g，逐只过数。折算后规格达到 12 万~16 万只/kg 的，说明蟹苗质量较好；如果苗龄过短，个体过小，超过 18 万只/kg，则说明蟹苗太嫩，不能出池。这里有个换算小技巧，以重量推算：淡化 2~3 天的，规格为 20 万只/kg；淡化 4~5 天的，规格为 16 万只/kg；淡化 6~8 天的，规格为 12 万只/kg。

**4. 观察体表法**

体格健壮的蟹苗，一般规格比较整齐，体表呈黄褐色、晶莹透亮，黑色素均匀分布，游泳活跃，爬行敏捷。检查时，进行目测的标准是：用手抓一把已沥去水分的大眼幼体，轻轻一握，甩一下，轻握有弹性感、沙粒感和重感；放在耳朵边，可听见明显的沙沙声；然后松开手撒在苗箱，看蟹苗活动情况，如果立即四处逃走，爬行十分敏捷，无结团和互相牵扯现象的，则说明蟹苗质量较好，放养成活率则较高。否则为劣质苗。

还有一种观察的方法就是将捏成团的蟹苗放回水中，马上分散游开、而不结团沉底的，连苗带水放在手心、苗能带水爬行而不跌落的，这种苗就是质量好的蟹苗。

**5. 室内干法或湿法模拟实验**

干法模拟实验是将池内的蟹苗称取 1~2g，用湿纱布包起来或撒在盛有潮湿棕榈片的玻璃容器内，放在室内阴凉处，经 12~15h 后检查，若 80% 以上的蟹苗都很活跃，爬行迅速，说明蟹苗质量较好，可以运输；湿法模拟实验是将蟹苗称取 1~2g 放在小面盆或小桶内，加少量水，观察 10~15h，若成活率在 80% 以上的，说明蟹苗质量较好。

**三 不宜购买的劣质蟹苗**

**1. 不要购买非本地水域的蟹苗**

例如，在长江水域进行河蟹养殖的就不要选购非长江水系的蟹

苗种。这是因为辽江蟹、浙江蟹、闽江蟹苗种如果移到长江水系中养殖，其生长缓慢、早熟现象明显、个体偏小、死亡率高、回捕率低，它们只能适合在辽河水系、瓯江水系生长。这类苗种形体近似方圆，背甲颜色灰黄，腹部灰黄且有黄铜水锈色，额齿较小且钝。

**2. 药害苗不要购买**

药害苗就是指苗场家在人工育苗时反复使用土霉素等抗生素药物的，这种蟹苗受到药害后，会造成蟹苗蜕壳变态为仔蟹后，身体无法吸收钙质，甲壳无法变硬，常游至池边大批死亡的现象。

**3. 正处于蜕壳期的苗种不要购买**

由于出售不及时，一些育苗场家会发现育苗池中的蟹苗已有部分蜕壳变态为Ⅰ期仔蟹或是正在蜕壳时，不能购买，否则在运输后，蟹苗会大量死亡。

**4. 花色苗不要购买**

蟹苗体色有深有浅、个体太小或个体有大有小的。这种蟹苗，如果是天然苗，可能混杂了其他种类的蟹苗。如果是人工繁殖苗，是蟹苗发育不整齐造成的，在蜕壳时极易自相残杀。

**5. 海水苗不要购买**

这种海水苗是指未经完全淡化的蟹苗或蟹苗淡化不彻底，它们对海水的盐度有很大的依赖性，如果将它们直接移入淡水中培育，无论是天然苗还是人工苗都会昏迷致死。判断方法如下：未淡化好的苗杂质和死苗较多；颜色不是棕褐色，夹有白色；用手指捏住蟹苗 3～5s 放下后，活动不够自如，爬行无力或出现"假死"现象。

**6. 保苗时间长的苗不要购买**

一些育苗单位因蟹苗育成后没能及时找到买主，也不可能不要这些苗，毕竟是钱啊，所以他们只能选择在较低温度的育苗池中保苗，然后再待机出售。由于保苗时间过长，大量细菌原生动物进入蟹苗体内，这种蟹苗一旦进入较高温度的培育池中，会很快蜕壳，大部分外壳虽蜕下但旧鳃丝不能完全蜕下，蟹在水中无法呼吸氧气而上岸，直至干死。

**7. 嫩苗也不宜购买**

嫩苗就是比较娇嫩的蟹苗，造成嫩苗有两种情形：一是淡化没有到位就急忙出售；二是河蟹本身体质差，比较娇嫩。肉眼可以看到蟹苗身体呈半透明状，头胸甲中部具黑线。这种蟹苗日龄低，甲壳软，经不起操作和运输。

**8. 高温苗不要购买**

这种高温是人为造成的，就是一些生产场家为了抢占市场或降低培育成本，在人工育苗时，故意缩短育苗周期，就采用升高水温的办法来加速蟹苗变态发育。这种通过升温育成的蟹苗，对低温适应能力很差，到仔蟹培育阶段成活率低。

**9. 不健康的苗不要购买**

这种不健康的苗也是通过肉眼直接观察的：一是仔细观察苗池中死苗数量的多少，如果池中死苗多，那么那些尚存活下来的也基本上是病苗；二是体表和附肢有聚缩虫或生有异物的苗，也是不健康苗；三是壳体半透明、泛白的"嫩苗"或深黑色的"老苗"。这三种苗都是典型的不健康苗，在选购时要放弃。

### 四 大眼幼体的运输

大眼幼体的运输是发展河蟹增养殖生产的重要一环，运输存活率的高低直接影响着增养殖产量的效益。蟹苗运输方法主要有两种，一种是蟹苗箱干法运输，另一种是尼龙袋充氧水运。这两种方法各有特点，适应不同需要。大眼幼体阶段的鳃部发育已完善，具备离水后用鳃呼吸的能力。实践证明，只要掌握得当，运输的存活率都可达80%以上。目前用得最多的还是蟹苗箱干法运输。

**1. 装运蟹苗的工具**

目前大部分运输蟹苗采用干法运输法，装运蟹苗的工具是一种特别的蟹苗运输箱。蟹苗箱为长方体，常见规格为60cm×40cm×20cm，箱两长边各开一个长方形的气窗，规格为40cm×10cm，两短边气窗的规格为20cm×10cm，气窗用塑料纱窗或者用聚乙烯丝织网装好，网目为1mm左右，以不跑蟹苗和能通畅地交换气体为宜。箱底用16目筛绢固定镶嵌蒙上，成套的蟹苗箱上下层之间应层层扣住，最上面一层应封好，不能让蟹苗逃跑。箱框用木料制

成，杉木为最好，因其质量轻且易吸水，能使箱体保持潮湿且便于搬运（图4-3）。

**2. 装蟹数量和方法**

装蟹苗数量应根据气温高低、运输距离远近、蟹苗体质好坏等因素而定。健壮的蟹苗，气温在14～18℃的情况下，每箱装苗0.75～1.25kg。运输距离远、气温高时，可适当少装。

运输前先将箱框在水中浸泡一夜，让箱体保持潮湿状，以利于提高运输时的成活率。具体装箱方法是：先在箱底铺设一层嫩水花生枝叶或聚

图4-3　蟹苗运输箱

草、棕榈皮、丝瓜瓤等，这样既增加箱内的湿度，又增加了蟹苗的活动空间，可防止蟹苗在运输途中堆积在一起，而窒息死亡。但应注意两点：一是棕榈皮、丝瓜瓤应尽量不用，若用时要先用开水浸泡或蒸煮消毒；二是水草等铺设物浸水后，应用力抖一下，不能积聚过多的水分，一般以箱体潮湿不滴水为度。在装箱时，应尽可能将漂洗干净的蟹苗均匀放在苗箱内，并注意动作要轻，将堆积的蟹苗松散开，防止蟹苗的四肢被水黏附，导致活动能力下降而死亡。如果水分太多，蟹苗黏结时，可将苗箱稍微倾斜，流去多余积水，或用手指轻轻地把蟹苗挑松后叠装起运。

**3. 运输蟹苗的技术要点**

生产上掌握蟹苗运输的要点是如何掌握好湿度、温度和合理通风。低温、保持湿润和有足够溶氧的供应是提高蟹苗运输成活率的技术关键。其技术要点主要包括以下几点。

1）5月的露天苗尽量争取夜间运输和阴天运输，因为夜间和阴天气温比较低，有利于苗箱内温度的保持；2～3月的温棚苗应在早晨起运，以减少温差的影响。

2）淡化后才能运输，淡化是蟹苗从一定盐度的海水中培育出来后，进入淡水前必须经过的程序。若蟹苗不经淡化直接放入淡水水域中，半小时后即麻醉昏迷，继之死亡。一般淡化4～5天后才可运

输，淡化要逐日按梯度进行，运输时的淡化含量不能高于7‰～8‰，一般以2‰～3‰为最佳。

3）在运输时，运输时间最好不要超过40h。蟹苗从溞状幼体发育到大眼幼体阶段，具有较强的调节渗透压的能力，能适应淡水生活，有很强的趋光性，用大螯能捕捉食物，并有攀附能力，能适应24h的潮湿运输。试验证明蟹苗离水24h存活率可达90%以上，离水36～48h仍有60%～80%存活，但48h后，存活率降至50%以下。因此，在蟹苗长途运输时，时间越短越好，尽量减少时间的延误。

4）白天运输时应避免阳光直射，在成套的蟹苗箱处再盖上一层窗纱。

5）若运输时间在24h之内的，每箱可装1～1.25kg，苗箱内水草厚度可达5cm，蟹苗厚度在3cm左右；若运输时间在36h以内的，每箱可装0.75～1kg，水草厚度可达8cm，蟹苗厚度在1～1.5cm。

6）蟹苗装入苗箱时，必须防止蟹苗四肢黏附较多的水分。蟹苗箱的水草水分也不宜太多，因为在装运时如果水分过多，苗层通透性不良，底层蟹苗支撑力减弱，导致缺氧窒息而死。

7）运输时尽量避免凉风直吹蟹苗，尽量防止蟹苗鳃部水分被蒸发干燥。

8）采用汽车等运输工具运蟹苗时，车顶及四周要遮盖，注意在保持温度的前提下，防风、防晒、防雨淋、防高温、防尘埃以及防止强烈振动。

9）保持运输箱内湿润，不能干枯。经过一段运输历程后，可以用喷雾器定时喷水（如雾状），以保持蟹苗湿润，但水分不宜喷得过多，否则易使蟹苗四肢黏附水滴，使蟹苗丧失支撑力而死亡。

10）目前生产上常用桑塔纳轿车或昌河面包车运输蟹苗，其具有便捷、快速的优点。

综合这几点考虑，编者认为在运输蟹苗前，首先应计算好运输的路线及运输时间，尽量保证蟹苗到达培育池的时间是上午9：30～10：30，这样运输效果极好。在装运过程中，车厢内应始终保持恒温16～18℃。

**4. 筛绢网干法运输**

运输原理同上文的蟹苗运输箱是一样的，不同的有三点：一是

不用专门订制木箱，可以用普通的塑料泡沫箱作外包装，要求塑料外包装要多打几个孔洞，以确保充足的氧气供应；二是需要专用的筛绢制成有口袋，每只口袋装苗500g，一般每个外包装可装三四个筛绢口袋，直接平放在箱底就可以运输，注意不要将过多的筛绢口袋叠加在一起，否则会造成蟹苗大量死亡；三是这种运输法既不用装水，也不用放水草，可以直接运输，减少了运输成本和操作的复杂性（图4-4）。

图 4-4　大眼幼体运输

### 5. 尼龙袋充氧运输

和运输鱼苗一样，可以使用双层塑料袋，做成容积为50L左右的袋，每袋装水30L，可以放蟹苗120～150g（约合每升水700～800只蟹苗），充氧气10～12L，经过扎口、装箱处理后，可以直接运输，成活率可达90%以上，本方法适合空运。

蟹苗是活货，运输打包过程稍有疏忽，其结果将会导致损失惨重，所以任何细节都不可忽视。

1）在装水前要仔细检查塑料袋是否漏气。用嘴向塑料袋吹气，然后迅速用手捏紧袋口，用另一手向袋加压，看鼓起的袋有无瘪掉，听听有无漏气的声音，这样就不难判别塑料袋中否漏气了。

2）要科学充氧。充氧要适中，一般以袋表面饱满有弹性为度，不能过于膨胀，以免温度升高或剧烈振动时破裂，特别是进行空运时，充气更不宜多，以防高空气压低而引起破裂。

3）袋口要扎牢扎紧。袋口扎得紧不紧是漏气的关键，当氧气充足后，先要把里面一只袋离袋口10cm左右处紧紧扭转一下，并用橡皮筋或塑料带在扭转处扎紧，然后再把扭转处以上10cm那一段的中间部分再扭转几下折回，再用橡皮筋或塑料带将口扎紧。最后，再把外面一只塑料袋口用同样的方法分2次扎紧，切不可把两袋口扎在一起。否则就扎不紧，容易漏水、漏气。

## 第四节　幼蟹的培育

### 一　Ⅰ～Ⅲ期仔蟹的培育

#### 1. 水体培肥与调试

在大眼幼体入池前半个月，将培育池进行清整，塑料薄膜压牢，四周堤埂夯实，最好用木棒上缠绕草绳索进行鞭打，以防留孔漏苗，清理池内过多的淤泥，并铺设一薄层细黄沙，适时栽植水草，行距、株距应适宜，水草面积占池内总面积的30%～40%。注水时用60目筛绢过滤，注水5～10cm，带水消毒。按放 0.15kg/m² 的生石灰计算，将生石灰均匀泼洒在池内煮透，趁热将石灰浆水泼洒于池堤四周。1 天后，继续注水至50cm，投放0.2kg/m² 的熟牛粪或0.15kg/m² 的发酵鸡粪，以培肥水质，为加强效果，可同时施无机肥尿素 0.15～0.20kg/池，用来培肥水质。几

图 4-5　早期幼蟹培育池

天后，水体中的浮游生物即可达最高峰，此时下苗，可以为大眼幼体提供部分喜食的活饵料，有利于大眼幼体的顺利变态（图4-5）。

> 【提示】　在计划放苗的前一天，对水质进行余毒测试，以确定水中生石灰的毒性是否消失。原则上是用蟹苗试毒，实际生产上常用小野杂鱼如麦穗鱼、幼虾（青虾）等代替蟹苗试毒，将其放于网袋里置于水中，12h后取样检查，若发现野杂鱼未死亡且活动良好，说明水质较好，可以放苗。

#### 2. 大眼幼体入池

为了预防蟹苗入池后引起应激死亡或成活率低，必须提前做好防抗应激工作和试水工作。

1）检测池水。在蟹苗放养入池前，要检测培育池塘的水质条

件，包括水温、pH、盐度、溶解氧等及饵料生物的数量，确保蟹苗入池有充足的天然饵料。放苗时，池水深度以不超过30~40cm为宜，进水应用40目筛绢网布过滤，以免野杂鱼及敌害生物随水而入。

2）做好解毒抗应激工作。由于现在养殖水源受到的污染越来越严重，为了提高蟹苗培育的成活率，在放苗前进行解毒和抗应激是非常必要的，具体方法是：在放苗前1天全池泼洒相对应的处理药物，1瓶解毒超爽+2包蟹立安+1瓶离子对钙。

3）放养的具体时间。水温低于15℃不要放苗，放苗时间宜选择在晴天的早上或傍晚；尽可能避开暴风雨天气。如果放苗后5天内有暴风雨，则应在池面水草多的地方放些芦席、草帘等遮盖物。

4）试水。蟹苗进入培育池后，不要急于下水。先将蟹苗连箱放在跳板上搁置5min左右，用池中的水将蟹苗全部淋一遍；10min后，用手泼水，再淋一遍；15min后，将整个蟹苗箱放入水中停2s后迅速提起，抖去水分，重新搁置在跳板上；再过15min后，再将整个蟹苗箱全部浸入水中，并倾斜蟹苗箱，如此重复二三次，这个过程称为"试水"。待蟹苗逐步吸足水分和适应水温后，再在池面的上风处，把水草和蟹苗连箱一起倒沉池中，任其自行游入池中。

如果是用尼龙袋充氧运输的，在放苗前也要进行试水，方法是先把装蟹苗的口袋放在池水中5min后，再将口袋翻个身，继续放置5min，如此操作三四次，大约经过20min左右的试水后，再把口袋口打开，轻提袋底，让口袋里的蟹苗和水一起流到培育池里（图4-6）。

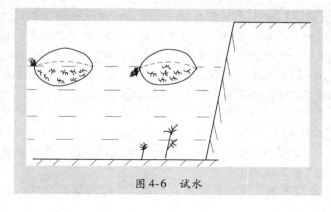

图4-6　试水

这种试水的目的就是要尽可能使蟹苗在养成池的水质条件与育苗池尽量保持一致，可以提高蟹苗的抗应激能力和成活率，一般要求盐度相差不超过5‰，pH不超过0.3，温差不超过3℃。

整个蟹苗放养过程持续半小时左右，经过这种试水锻炼，蟹苗能适应培育池内的水温及水质。根据编者试验，在6h之内进入培育池的蟹苗成活率可达95%~98%。

**3. 仔蟹培育**

在生产上常将大眼幼体培育成Ⅲ期幼蟹称为仔蟹培育。在培育池中培育仔幼蟹的关键环节就是这三期的变态与蜕壳。

**（1）大眼幼体变态成Ⅰ期仔蟹**　大眼幼体入池时需保持水深40cm左右，为了防止外界水温的变化、惊动及骚扰，蟹苗入池后5天内（即蟹苗变态成第Ⅰ期仔蟹）不能换、冲水，水温保持20℃以上，不能低于17℃，否则极易造成蜕壳不遂，导致蟹苗死亡。

在这段时间内投喂应以先期培育的浮游生物为主，水色较浅时，可投喂从场方购买的冰冻丰年虫。具体投喂方法为：刚入池后的3h内，最好不要立即投喂，一般在10h左右可以投喂第一次，以蟹苗总重量的20%投喂冰冻丰年虫；6h后，再投喂蟹苗总量的15%冰冻丰年虫，并增加投喂蟹苗总量的5%野杂鱼糜和豆浆、蛋黄混合饵料；再过2天后可将冰冻丰年虫投喂总量由15%降至12%，同时增加野杂鱼及蛋黄豆浆混合饵料，以后逐渐增加鱼糜的数量，Ⅰ期后可完全投喂自配的野杂鱼糜及蛋黄、豆浆混合饵料。这5天时间内，每天投饵4~6次，每次投喂量占蟹苗总量的18%~20%，野杂鱼以麦穗鱼、野生小鲫鱼等最佳，与泡熟后的黄豆一起磨碎后用60目筛绢过滤，加水稀释成匀浆全池泼洒。鲜鱼、蛋黄与黄豆的比例为2:1:1。大眼幼体入池后1h左右，大都沿着池壁呈顺时针或反时针游动，少数栖息于水草上，约10h左右可进行第一次投饵，此时投喂时应重点将饵料兑水均匀泼洒于蟹苗游动路线上，将少数饵料洒于水草上，一般1~2天后，这种游圈现象会自动停止，陆续爬到水草上或水草底部蜕皮变态成Ⅰ期仔蟹。

在蟹苗蜕皮变态进入高峰期时，不能随意惊动，也不要随意捞苗检测，要确保水温的恒定。

变态后体形由大眼幼体的龙虾形变为蟹形，游泳能力下降，攀爬能力显著上升，在水草上明显可见，体重也增加 1 倍；具有明显的趋光性，因此在夜间除了检查、投喂外，尽量不要开灯，否则幼蟹会群聚灯光处；无特殊情况，增氧机不能停机。

（2）从 I 期仔蟹蜕壳成 II 期仔蟹　　体形更像成蟹，体色由浅黄色转变为棕黄色，爬行能力增强，具有较强的逃逸能力，整个养殖期为 5 ~ 7 天。

投喂主要以鲜鱼为主，鱼糜：蛋黄：黄豆 = 3：1：1，投喂量每次占蟹总量的 15% 为宜。日投喂 3 ~ 5 次，由于幼蟹具有夜间摄食习性，因此投喂时间、投喂量重点在下午 17：00 ~ 21：00，占整个投喂总量的 60%，在蜕壳前 3 天，每日饵料里添加微量蟹蜕壳素，并用 $0.03kg/m^2$ 的生石灰化水全池均匀泼洒。尽量开动增氧设备，两天换水 1 次，均在中午进行，每次加水 3 ~ 5cm，换水时间不宜超过 1h，换水后池内温差应控制在 3℃ 以下。

（3）从 II 期仔蟹蜕壳成 III 期仔蟹　　体型进一步增大，体重相应增加，在 III 期中后期可以出售，此时规格在 8000 ~ 1000 只/kg，也可以进一步培育成 IV ~ VI 期幼蟹。

日常管理重点是水质和投喂。投喂仍然以动物性饵料为主，适当增加豆浆投入量，减少蛋黄投入量，鲜鱼：蛋黄：豆浆 = 4：1：1.5，投喂时间及投喂重点同 II 期仔蟹一样，投喂量减少 15%，在蜕壳前 3 天，仍用 $0.03kg/m^2$ 的生石灰水泼洒，添加部分钙片和蟹蜕壳素。增氧设施在中午可以停机数小时，结合换水，充分发挥微喷设施的增氧、调温等作用。每次换水时，先抽出 5 ~ 10cm 的水，再加入 5 ~ 10cm 的水，保持水位 80cm 左右不变。此时由于幼蟹生长较快，蜕壳频繁，摄食旺盛，因此对水质要求较严，透明度保持在 35cm 左右，pH 为 7.2 ~ 7.8，溶氧在 5.0mg/L 以上。

## 二　从 III 期仔蟹培育成 IV 期幼蟹

进入 III 期的幼蟹，由于气温迅速回升，水体增温保温性能大大加强，前期投入的饵料部分未吃完，下沉池底后积累和分解。若此时管理不善，极易造成水质恶化，致使幼蟹缺氧死亡。另一方面，经过几次蜕壳后的幼蟹，体型变大，体重增加了几倍，摄食量大增，此时应严格控制摄食次数，保证量足次少的投喂习惯，密切观察幼蟹吃食情况，以此决定饵料的投喂量的增减，降低残饵对水质的影响。

进入Ⅲ期和Ⅳ期的幼蟹，每日投喂三四次。饵料主要为野杂鱼和豆浆，野杂鱼的量约为豆浆的2倍。由于此时幼蟹喜在水草上和浅水区活动，所以投喂时以在浅水区处均匀泼洒效果较好。幼蟹夜里摄食强度大，因而夜间投喂量占日投喂量的60%～70%。幼蟹具有较强的攀爬逃逸能力，特别是阴雨天、天气异常闷热、水质恶化、水中溶氧较低的时候，幼蟹最易逃逸。因而进入Ⅲ期后，需加倍注意并每日检查防逃措施的可靠性，加强值班管理。

除了投喂与防逃外，水体的交换要及时进行，每天换水量加大，先抽出1/4左右的水，再加入1/4左右的水，最好通过微喷设备进水且用80目筛绢过滤。

> 【提示】 在估计蜕壳高峰期的前3天，仍用生石灰化水均匀泼洒，并在饵料中投喂适量的蜕壳素，以促进幼蟹蜕壳。

### 三 从Ⅳ期幼蟹培育成Ⅴ～Ⅵ期幼蟹

在进入Ⅴ期时，培育池内也有少部分进入Ⅵ、Ⅶ期，当然也存在一部分Ⅳ期甚至Ⅲ期幼蟹。在这一过程中，仔幼蟹的体长、体重都有显著增长，水体的负载进一步加大，投喂量进一步增加，水质恶化的可能性也加大。可选择晴好天气中午11：00～13：00适当分苗或直接起捕下塘或出售，以减轻培育池内的负载量。

本期的日常管理重点是水质的控制和投喂，换水应坚持每日进行，每日换水量为全部水量的1/3，加大豆浆的比例，因为豆浆具有澄清水体的作用，可以缓冲水体水质恶化的压力。野杂鱼与豆浆比例为1:1，日投喂二三次。除蜕壳前3天泼洒一次生石灰浆水外，中途也可全池泼洒生石灰乳浆，以杀灭水中部分病菌并改善水质，同时增加水中钙离子含量，促进蜕壳。由于水的温度高而且持续时间长，部分育苗户的池内产生了大量青苔，青苔不仅会吸收水体中的营养，更重要的是它会缠绕幼蟹，使幼蟹无法活动而造成死亡，因此除青苔是很必要的。千万不能在池内用高浓度硫酸铜杀灭青苔，因为幼蟹对铜离子的安全浓度较小，不少育苗户用 $0.7 \sim 1mg/L$ 的硫酸铜杀灭青苔，结果全池幼蟹死光。此时主要靠人工捞取法除去青苔，并结合换水草彻底除去。由于育苗后期聚草、芜萍等水草在高温作用下，枝叶易腐烂，影响水质，需及时捞出，重新放置新鲜水草。在换入新鲜水草时，应将水草用硫酸铜溶液彻底消毒，以杀灭青苔。用硫酸铜溶液浸泡过的水草需用清水漂洗后方可入池，因为铜离子对幼蟹毒性较大，若处理不当，易造成蟹苗死亡；也可以用草木灰焐水草以杀死青苔。

现在市场上已经有仔幼蟹培育的专用饵料，这种饵料具有用量少、蛋白质含量高、对水质净化作用好且不易生病的优点，因此刚一问世便广受欢迎。

## 第五节　幼蟹的出池与运输

### 一　幼蟹的捕捞

在 Ⅲ ～ Ⅳ 期幼蟹蜕壳高峰期后 3 天，可以起捕幼蟹出池，随时供应给客户。捕捉前先将池水抽去一半，拔走池内水草，另外放入水花生，将水花生捆扎成直径约 30cm、长约 50cm 的草把，每池投入 20 ～ 40 个。捕捞时宜选择晴好天气的上午或傍晚进行，捕捞前 2h，不用投喂饵料。在捕捞时，用长柄捞网贴近水花生底部，用手将水花生抖一下即可，幼蟹就全部进入捞网内，再将水花生放入蟹池中进行诱捕。如此反复三四次，即可将培育池内幼蟹捕捞出 90% ～ 95%，剩下的幼蟹需干池捕捉，放干或抽干池水，幼蟹会顺着水流方向汇集在一端，可徒手捕捉，如此反复 3 次，即可捕捞干尽（图 4-7）。

也有的养殖户，在幼蟹进入 Ⅴ ～ Ⅵ 期时蜕壳后 3 ～ 4 天，用地笼捕捉，因为此时幼蟹个

图 4-7　捕捞幼蟹

体较大，水温渐渐升高，幼蟹的活动能力和主动摄食能力大大增强，改用地笼捕捉也可以收到较好的效果；也有的养殖户用集蟹箱收集。上述几种方法，无论采用哪种方式进行捕捉，都必须注意以下几点：一是须将池水抽去 1/2 ~ 2/3，使幼蟹尽可能集中；二是更换水草时，需去除水草须根部分，在生产实践中发现，不少幼蟹隐藏在水草丛中的须茎中难以捕捞；三是在捕捞过程中，最好造成微流水状态；四是无一例外的最后要干池捕捉，但尽可能减少干池捕捉的幼蟹比例，以减少人为损伤和机械损伤。

### 二 幼蟹的暂养

捕捞的幼蟹，放入网箱中暂养 1 ~ 2h。网箱大小视幼蟹数目而定，箱顶反向延伸 50cm，用塑料薄膜覆盖以防幼蟹逃逸，箱内放入一些水花生以供幼蟹栖息。特别是干池捕捉时，速度要快，动作要轻，否则幼蟹会因鳃部呛入污水造成呼吸困难而死亡，捕捉的幼蟹立即放入清水中暂养在网箱内，若是微流水则更佳。

### 三 幼蟹的运输

幼蟹起捕出池，经暂养 2h 后即可运输。幼蟹离水后的生命力远比蟹苗强，运输幼蟹比蟹苗方便。但幼蟹的运输能力很强，爬行迅速，装运时应做到轻快，严禁倾倒，以免蟹体受伤或断足。运输时应注意以下几点。

1）尽快运输，减少中途周转环节，一般用汽车运载为多。在运输时可用专用的小网兜来装幼蟹，每兜可装 5kg 左右。然后将这些网兜装在蟹苗箱或小竹篓进行运输，每篓 15 ~ 20kg。也可以用草包盛蟹，套塑料编结袋子，外用四角竹撑的筏篓套装，以增加叠装时的抗压强度，每篓装蟹种 200kg，加木板盖，叠装不超过 4 层，上下左右靠紧，汽车运输时用大油布覆盖包扎。

2）防止逃逸，不论采用何种容器储存，均应用网罩或绳索扎好袋口，以幼蟹无法逃逸为准。

3）保持蟹体潮湿，这是延长幼蟹生命活动的关键。在存放幼蟹的工具下面，放一层 1 ~ 2cm 厚的无毒塑料泡沫，吸上部分水，幼蟹放进后，每隔 4h 喷洒一次水，以防止干放时间过长，造成胃囊和鳃

失水过多而死亡。简便的方法是在装运幼蟹的工具里面铺设一层水花生，幼蟹放进后会迅速钻入水花生中，保持身体的湿润。

4）在运输前应将幼蟹放在清水里漂洗一下，不要投喂饵料，以减少中途运输的死亡率。尽量减少幼蟹的活动量，以降低其能量消耗，可在装蟹的工具上面盖上草包（潮湿的），保持黑暗的环境。

5）幼蟹存放不能挤压。幼蟹多时，可分散装在预先准备好的运载工具内，不能堆积重压，防止幼蟹受伤或步足折断，从而影响成活率。

6）进入 V～Ⅵ期的幼蟹起捕时，气温已经回升，幼蟹活动量大增，代谢能力增强，若起捕后不能立即运输的，应用双层 40 目的筛绢结成的网袋装好暂养，运输时再取出，这样可以保持幼蟹的新鲜活跃和水分充足。

7）最好在傍晚 17：00 至早上 8：00 这段时间内运输，运输时最好有湿润的外部环境和微风增氧条件，这样可以避免白天日光直射，使幼蟹鳃部水分被蒸发而死亡。

## —— 第五章 ——
# 河蟹高效养殖技术

## 第一节　池塘精养河蟹

　　河蟹的池塘养殖是目前比较成功且效益较稳定的一种养殖模式，在池塘中的养殖也可以分为专养、套养、混养、轮养等多种类型。不同的类型所要求的池塘条件略有不同，掌握技术难易程度也不一样，产生的经济效益差别很大。

　　对于池塘精养河蟹来说，要想取得很好的经济效益，必须做好各个方面的工作，这些工作主要包括科学投放蟹种、科学混养其他鱼类、科学投喂配合饲料、科学防逃、科学管理水质、科学防治疾病、科学捕捞等内容（图5-1）。

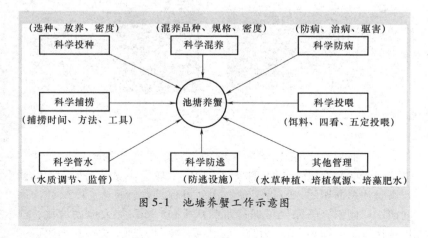

图 5-1　池塘养蟹工作示意图

## 一 养蟹池的条件与处理

### 1. 蟹池选择

养蟹池应选择建在靠近水源，灌、排水均十分方便的地方，要求水质良好，符合养殖用水标准，无污染，池底平坦，底质以壤土为好，池坡土质较硬，底部淤泥层不超过10cm，池塘保水性好。池埂顶宽2.5m以上，池塘水面不宜过大，以5~50亩为宜，长方形，水深1~1.5m。如果面积太小，水温变化快，不利于河蟹在相对稳定的环境里生长。连片养殖区进、排水渠要分开，以免发病时交叉感染。环境要安静，远离村庄和公路（彩图5-1）。

### 2. 进排水系统

对于大面积连片蟹池的进排水总渠应分开，按照高灌低排的格局，建好进排水渠，做到灌得进，排得出，定期对进、排水总渠进行整修消毒。池塘的进、排水口应用双层密网罩住，可起到防逃作用，同时也能有效地防止蛙卵、野杂鱼卵及幼体进入池塘危害蜕壳蟹；为了防止夏天雨季冲毁堤埂，可以开设一个溢水口，溢水口也用双层密网罩住，防止河蟹乘机顶水逃走（图5-2、图5-3）。

图5-2 独立的进水渠道

图5-3 进水口

### 3. 蟹池改造

对于面积为20亩以下的河蟹池，应改平底形为环沟形或井字形。对于面积为20亩以上的蟹池，应改平底形为交错沟形。沟的面积占蟹池总面积的30%~35%，沟处可保持水深1.2~1.5m，沟底向出水口倾斜，平滩处可保持水深0.5~0.8m。加大池埂坡比，池埂坡比以1:（2.5~3）为宜，缓坡河蟹不易打洞。这些池塘改造工作应结合年底清塘清淤时一起进行（图5-4）。

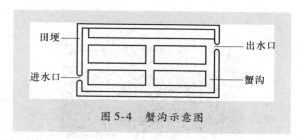

图5-4　蟹沟示意图

## 二 池塘清整

池塘是河蟹生活的地方，池塘的环境条件直接影响到河蟹的生长、发育。

### 1. 池塘清整的好处

定期对池塘进行清整，从养殖的角度上来看，有3个好处。一是通过清整池塘能杀灭水中和底泥中的各种病原菌、细菌、寄生虫等，减少河蟹疾病的发生概率；二是可以杀灭对幼蟹有害的生物如蛇、鼠和水生昆虫，争食的野杂鱼类如鲇鱼、泥鳅、乌鳢及一些致病菌；三是通过清整后，可以将池塘的淤泥清理出来，一方面可以加固池埂，另一方面可以利用填在池埂上的淤泥来种植苏丹草、黑麦草等绿色青饲料，以解决河蟹的饲料来源问题。

### 2. 池塘清整时间

最好是在春节前的深冬进行，可以选择冬季的晴天来清整池塘，以便有足够的时间进行池底的曝晒。

### 3. 池塘清整方法

新开挖的池塘要平整塘底，清整塘埂，使池底和池壁有良好的保水性能，尽可能减少池水的渗漏。

旧塘要在河蟹起捕后先将池塘里的水排干净，注意保留塘边的杂草，然后将池底在阳光下曝晒1周左右，等池底出现龟裂时，可挖去过多的淤泥，把塘泥用来加固池埂，修补裂缝，并用铁锹或木槌打实，防止渗水、漏水，为第二年的池塘注水和放养前的清塘消毒做好准备（图5-5）。

图 5-5　池塘的清整

**三　池塘清塘消毒**

清塘消毒至关重要，类似于建房打基础，地基打得扎实，高楼才能安全稳固，否则，就有可能酿成"豆腐渣"工程的悲剧，养蟹也一样，基础细节做得不扎实，就会增加养殖风险，甚至酿成严重亏本的后果。清塘的目的是消除养殖隐患，是健康养殖的基础工作，对种苗的成活率和生长健康起着关键性的作用（彩图 5-2）。清塘消毒的药物选择和使用方法如下。

1. 生石灰清塘

生石灰也就是我们所说的石灰膏，是砌房造屋的必备原料之一，因此它的来源非常广泛，几乎所有的地方都有，而且价格低廉，是目前能用于消毒清塘最有效的材料。它的缺点就是用量较大，使用时占用的劳动力较多，而且生石灰有严重的腐蚀性，若操作不慎，会对人的皮肤等造成一定伤害，因此在使用时要小心操作。

生石灰清塘可分干法清塘和带水清塘两种方法。通常都是使用干法清塘，在水源不方便或无法排干水的池塘才用带水清塘法。

**（1）干法清塘**　在蟹种放养前 20～30 天，排干池水，保留水深 5cm 左右，并不是要把水完全排干，在池底四周和中间多选几个点，挖成一个个小坑，小坑的面积约 2m² 即可，将生石灰倒入小坑内，用量为每亩池塘用生石灰 40kg 左右，加水后生石灰会立即溶化成石灰浆水，同时会放出大量的烟气和发出咕嘟咕嘟的声音，这时要趁热向四周均匀泼洒，边缘和鱼池中心以及洞穴都要洒到。为了提高消毒效果，第二天可用铁耙再将池底淤泥耙动一下，使石灰浆和淤泥充分混合，否则泥鳅、乌鳢和黄鳝钻入泥中杀不死。然后再经 3 ~ 5 天晒塘后，灌入新水，经试水确认无毒后，就可以投放蟹种。

**（2）带水清塘**　对于那些排水不方便或者是为了赶时间时，可采用带水清塘的方法清塘。这种消毒措施速度快，效果也好。缺点是生石灰用量较多。

幼蟹投放前 15 天，每亩水面水深 50cm 时，用生石灰 150kg，先将生石灰放入大木盆、小木船、塑料桶等容器中加水溶化成石灰浆，操作人员穿防水裤下水，将石灰浆全池均匀泼洒（包括池坡），蟹沟处用耙翻一次。用带水法清塘虽然工作量大一

图 5-6　泼洒石灰浆清毒

点，但它的效果很好，可以把石灰水直接灌进池埂边的鼠洞、蛇洞、泥鳅和鳝洞里，能彻底地杀死病害（图 5-6）。

**（3）测试水中余毒的技巧**　测试水体中是否有余毒，这在水产养殖中是经常应用的一项小技巧。只不过是蟹种比较金贵也比较娇嫩，因此试水工作就显得尤为重要了。

测试的方法是在消毒后的池子里放一只小网箱，在预计毒性已经消失的时间，向小网箱中放入 40 只蟹种，如果在 1 天（即 24h）内，网箱里的蟹种既没有死亡也没有任何其他的不适反应，那就说明生石灰的毒性已经全部消失，这时就可以大量放养蟹种了。如果 24h 内仍然有试水的蟹种死亡，那就说明毒性还没有完全消失，这时可以再次换水 1/3 ~ 1/2，然后再过 1 ~ 2 天再试水，直到完全安全后才能放养蟹种。后面的药剂消毒后的测试方法也是这样的。

**2. 漂白粉清塘**

**（1）带水清塘**　和生石灰清塘一样，漂白粉清塘也有干法清塘和带水清塘两种方式。使用漂白粉要根据池塘水量的多少决定用量，

防止用量过大把塘内的螺蛳杀死。

在用漂白粉带水清塘时,要求水深 0.5～1m,漂白粉的用量为每亩池面用 10～15kg,先用木桶或瓷盆内加水将漂白粉完全溶化后,全池均匀泼洒,也可将漂白粉顺风撒入水中,然后划动池水,使药物分布均匀。一般用漂白粉清池消毒后 3～5 天即可注入新水和施肥,再过 2～3 天后,就可投放河蟹进行饲养。

**(2)干法清塘** 在用漂白粉干法清塘时,用量为每亩池面 5～10kg,使用时先用木桶加水将漂白粉完全溶化,然后全池均匀泼洒即可。

### 3. 生石灰、漂白粉交替清塘

有时为了提高效果,降低成本,就采用生石灰、漂白粉交替清塘的方法清塘,比单独使用漂白粉或生石灰清塘效果好。也分为带水清塘和干法清塘两种,带水清塘,水深 1m 时,每亩用生石灰 60～75kg 加漂白粉 5～7kg。

干法清塘,水深在 10cm 左右,每亩用生石灰 30～35kg 加漂白粉 2～3kg,化水后趁热全池泼洒。使用方法与前面两种相同,7 天后即可放蟹,效果比单用一种药物更好。

### 4. 漂白精清塘

干法清塘时,可排干池水,每亩用有效氯占 60%～70% 的漂白精 2～2.5kg。

带水清塘时,每亩每米水深用有效氯占 60%～70% 的漂白精 6～7kg。使用时,先将漂白精放入木盆或搪瓷盆内,加水稀释后进行全池均匀泼洒。

### 5. 茶粕清塘

茶粕是广东、广西常用的清塘药物。它是山茶科植物油茶、茶梅或广宁茶的果实榨油后所剩余的渣滓,形状与菜饼相似,又叫茶籽饼。茶粕含皂甙,是种溶血性毒素,能溶化动物的红血球而使其死亡。水深 1m 时,每亩用茶粕 25kg。将茶粕捣碎成小块,放入容器中加热水浸泡一昼夜,然后加水稀释连渣带汁全池均匀泼洒。在消毒 10 天后,毒性基本上消失,可以投放幼蟹进行养殖。

**⚠ 【注意】** 在选择茶粕时，尽可能地选择黑中带红、有刺激性、很脆的优质茶粕，这种茶粕的药性大，消毒效果好。

### 6. 生石灰和茶碱混合清塘

此法适合池塘进水后使用，把生石灰和茶碱放进水中溶解后，全池泼洒，生石灰每亩用量50kg，茶碱10~15kg。

### 7. 鱼藤酮清塘

鱼藤酮又名鱼藤精，是从豆科植物鱼藤及毛鱼藤的根皮中提取的，能溶解于有机溶剂，对害虫有触杀和胃毒作用，对鱼类有剧毒。使用含量为7.5%的鱼藤酮的原液，水深1m时，每亩使用700mL，加水稀释后装入喷雾器中遍池喷洒。能杀灭几乎所有的敌害鱼类和部分水生昆虫，对浮游生物、致病细菌和寄生虫没有什么作用。效果比前几种药物差一些，毒性7天左右消失，这时就可以投放幼蟹了。

### 8. 巴豆清塘

巴豆是江浙一带常用的清塘药物，近年来已很少使用，而被生石灰等取代。巴豆是大戟科植物的果实，所含的巴豆素是一种凝血性毒素，只能杀死大部分敌害杂鱼，能使鱼类的血液凝固而死亡。对致病菌、寄生虫、水生昆虫等没有杀灭作用，也没有改善土壤的作用。

在水深10cm时，每亩用巴豆5~7kg。将巴豆捣碎磨细装入罐中，也可以浸水磨碎成糊状装进酒坛，加烧酒100g或用3%的食盐水密封浸泡2~3天，用池水将巴豆稀释后连渣带汁全池均匀泼洒。10~15天后，再注水1m深，待药性彻底消失后放养幼蟹。

**⚠ 【注意】** 由于巴豆对人体的毒性很大，施巴豆的池塘附近的蔬菜等，需要过5~6天以后才能食用。

### 9. 氨水清塘

氨水是一种挥发性的液体，一般含氮12.5%~20%，是一种碱性物质，当它泼洒到池塘里，能迅速杀死水中的鱼类和大多数的水生昆虫。使用方法是在水深10cm时，每亩用量60kg。在使用时要同时加3倍左右的塘泥，目的是减少氨水的挥发，防止药性消失过快。

第五章 河蟹高效养殖技术

一般是在使用一周后药性基本消失，这时就可以放养幼蟹了。

**10. 二氧化氯清塘**

二氧化氯清塘是近年来才渐渐被养殖户所接受的一种消毒方式，它的消毒方法是先引入水源后再用二氧化氯消毒，用量为每米水深 10～20kg/亩，7～10 天后放苗，该方法能有效杀死浮游生物、野杂鱼虾类等，防止蓝绿藻大量滋生，放苗之前一定要试水，确定安全后才可放苗。

上述的清塘药物各有其特点，可根据具体情况灵活使用。使用上述药物后，池水中的药性一般需经 7～10 天才能消失，放养河蟹前最好"试水"，确认池水中的药物毒性完全消失后再行放种。

> ● 【提示】 由于二氧化氯具有较强的氧化性，加上它易爆炸，容易发生危险事故，因此在储存和消毒时一定要做好安全工作。

**四 用药后的解毒和培植有益微生物种群**

**1. 解毒**

在运用各种药物对水体进行消毒，杀死病原菌，除去杂鱼、杂虾、杂蟹等后，池塘里会有各种毒性物质存在，这时必须先对水体进行解毒后方可用于池塘养殖。

解毒的目的就是降解消毒药品的残毒以及重金属、亚硝酸盐、硫化氢、氨氮、甲烷和其他有害物质的毒性，可在消毒除杂的 5 天后泼洒卓越净水王或解毒超爽或其他有效的解毒药剂。

**2. 培植有益微生物种群**

培植有益微生物种群，不仅能抑制病原微生物的生长繁殖，消除健康养殖隐患，还可将塘底有机物和生物尸体通过生物降解转化成藻类、水草所需的营养盐类，为肥水培藻、强壮水草奠定良好的基础。在解毒 3～5h 后，就可以采用有益微生物制剂如水底双改、底改灵、底改王等药物按使用说明全池泼洒，目的是快速培植有益微生物种群，以用来分解消毒杀死的各种生物尸体，避免二次污染，消除病原隐患。

如果不用有益微生物对消毒杀死的生物尸体进行彻底的分解或消解的话，那就说明清塘消毒不彻底。这样的危害就是那些具有抗体的病原微生物待消毒药效过期后就会复活，而且它们会在复活后利用残留的生物尸体作培养基大量繁殖。而病原微生物复活的时间恰好是河蟹蜕壳最频繁的时期，蜕壳时的河蟹活力弱，免疫力低下，抗病能力差，病原微生物极易侵入蟹体，容易引发病害。所以，我们必须在用药后及时解毒和培植有益微生物种群。

### 五 肥水培藻

#### 1. 肥水培藻的重要性

肥水培藻是河蟹养殖中的一个新话题，实际上就是在放苗前通过施基肥的方法让水肥起来，同时用来培育有益藻相，这在以前的河蟹养殖中并没有引起重视。但是随着河蟹养殖技术的日益发展，人们越来越重视这个问题了，认为肥水培藻是河蟹养殖过程中的一个至关重要的环节，这环节做得好坏不仅关系到蟹种的成活率、蟹种的健康状况，而且还关系到养殖过程中河蟹的抗应激和抗病害的能力及河蟹回捕率的高低，更关系到养殖产量乃至养殖成败。因此我们在这里特别建议各位养殖户朋友一定要重视这个技术措施。

肥水就是通过向池塘里施加基肥的方法来培育良好的藻相。良好的藻相具有三个方面的作用：一是良好的藻相能有效地起到解毒、净水的作用，主要是有益藻群能吸收水体环境中的有害物质，起到净化水体的效果；二是有益藻群可以通过光合作用，吸收水体内的二氧化碳，同时向水体里释放出大量的溶解氧，据测试，水体中70%左右的氧是有益藻类和水草产生的；三是有益藻类自身或者是以有益藻类为食的浮游动物，它们都是蟹种喜食的天然优质饵料。

> ●【提示】 生产实践表明，水质和藻相的好坏，会直接关系到河蟹对生存环境的应激反应。如果河蟹生活在水质爽活、藻相稳定的水体中，水体里面的溶解氧和pH通常是正常稳定的，而且在检测时，会发现水体中的氨氮、硫化氢、亚硝酸盐、甲烷、重金属等一般不会超标，河蟹在这种环境里才能健康生长，才能实现养大蟹、养好蟹、养优质蟹的目的。反之，如果水体里的水质条件差，藻相不稳定，那么水中有毒有害的物质就会明显增加，同时水体中的溶解氧偏低，pH不稳定，直接导致河蟹容易应激生病。

## 2. 培育优良水质和藻相的方法

培育优良水质和藻相的方法的关键是施足基肥，如果基肥不施足，肥力就不够，营养供不上，藻相活力弱，新陈代谢的功能低下，水质容易清瘦，不利于蟹苗、蟹种的健康生长，当然河蟹也就养不好，这是近几年来很多成功的养殖户用自己的辛苦钱摸索出来的经验。

现在市场上对于河蟹养殖时的培育水质的肥料都是用的生物肥或有机肥或专用培藻膏，各个生产厂家的肥料名称各异，但是培肥的效果却有很大差别。本书介绍的一些肥料和药品是一部分目前在市场上比较实用有效的专用水产生化肥和用于河蟹养殖的药品，本书并没有专门为这些公司生产的药物和肥料做广告的义务和想法，如果各地有其他类似的药物，也可以采用，具体的用法和用量请见说明书，如果不按操作规则和药物使用量使用，造成的后果与我们无关，编者特别在此申明。如可采用 1 包酵素钙肥 + 1 桶六抗培藻膏 + 1 包特力钙混合加水后，全池泼洒，可泼洒 8～10 亩。2 天后，用粉剂活菌王来稳定水色，具体使用量为 1～2 亩 1 包。

勤施追肥保住水色是培育优良水质和藻相的重要技巧，可在投种后一个月的时间里勤施追肥，追肥可使用市售的专用肥水膏和培藻膏。具体用量和用法：前 10 天，每 3～5 天追一次肥，后 20 天每 7～10 天追一次肥，在施肥时讲究少量多次的原则，这样做既可保证藻相营养的供给，也可避免过量施肥造成的浪费，或者导致施肥太猛，水质过浓，不便管理。在生产上，追肥通常采用六抗培藻膏或藻幸福追肥，六抗培藻膏每桶用 8～10 亩，藻幸福每桶用 6～8 亩，然后用黑金神和粉剂活菌王维持水色，用量为 1 包黑金神配 2 包粉剂活菌王浸泡后用 8～10 亩。

## 3. 肥水培藻的几个难点和对策

我们在为养殖户进行"科技入户"服务时，在指导他们运用施基肥来肥水培藻时，经常会遇到养蟹池里肥水困难或水根本就肥不起来的情况，经过认真的分析、比较、研究和判断后，我们总结了十种极易导致肥水培藻效果不佳的情况，现将这些情况进行科学总结、提炼，方便读者朋友以后在河蟹养殖中如果遇到这些情况时能快速作出科学的判断和处理。

**（1）寡温低照时，肥水培藻效果不好**　这种情况主要发生在早春时节，河蟹养殖刚刚开始进入生产期的时候通常会发生。当水温太低时，藻类的活性受到抑制，它们的生长发育也受到抑制，这时候如果采用单一无机肥或有机无机复混肥来肥水培藻，一般来说都不会有太明显的效果。另一方面，在水温太低时，池塘里刚施放进去的肥料养分易受絮凝作用，向下沉入塘底，水表层的藻类很难吸收到养分，所以肥水培藻很困难。因此，肥水培藻可以采取以下对策。

1）解毒。用生产厂家的净水药剂来解毒，使用量请参照说明书，在早期低温时可适当加大用量的 10%，常见的有净水王等，参考用量为每瓶 3 ~ 5 亩。

2）及时施足基肥。在解毒后第二天就可以施基肥了，这时的基肥与常规的农家肥是有区别的，它是一种速效的生化肥料，按 5 ~ 8 亩使用 1 包酵素钙肥和 2 瓶藻激活配 1 桶六抗培藻膏，也可以配合使用其他生产厂家的相应肥料。

3）勤施追肥。在肥水 3 天后，就开始施用追肥，由于水温低，肥水难度大，用常规的施肥养鱼技术来肥水很难见效。这时的施肥是专用的生化追肥，可参考各生产厂家的药品和用量。这里举一个市场上常使用的配方，按 8 ~ 10 亩使用 1 包卓越黑金神和 2 瓶藻激活配合 1 桶藻幸福或者 1 桶六抗培藻膏追肥。

**（2）水体中的重金属含量超标**　过多的重金属可以与肥料中的养分结合并沉积在池底，影响肥水效果。因此，可以采取以下对策进行肥水培藻。

1）立即解毒。用生产厂家的净水药剂来解毒。

2）施足基肥。在解毒后第二天就可以施基肥了，可以配合使用生产厂家的相应专用生化肥料，具体的使用配方可请教相关技术人员。

3）勤施追肥。在肥水 3 天后开始施用追肥，追施专用的生化追肥，可参考各生产厂家的药品和用量。

**（3）水体里的亚硝酸盐偏高**　亚硝酸盐偏高会影响肥水培藻的

效果，故应采取以下对策。

1）立即降低水体里的亚硝酸盐的含量。既可用化学药剂快速下降，也可配合用生物制剂一起来降低亚硝酸盐的含量。这里举一个目前常用的药物及用法，可采用亚硝快克配合六抗培藻膏降低亚硝酸盐含量，方法是将亚硝快克与六抗培藻膏加 10 倍水混合浸泡 3h 左右全池泼洒，每亩水面 1m 水深使用亚硝快克 1 包加六抗培藻膏 1kg。

2）施基肥。在施用降亚硝酸盐药剂的第二天开始施加基肥，也是用的生化肥料。可按 5~8 亩使用 1 包酵素钙肥和 2 瓶藻激活加 1 桶六抗培藻膏加水混合全池均匀泼洒。

3）施追肥。在用基肥肥水 3~4 天后，开始施追肥，可参考各地市面上可售的肥料，例如用卓越黑金神浸泡后配合藻激活、藻幸福或者六抗培藻膏追肥并稳定水色。

**（4）pH 过高或过低**  pH 过高或过低也会影响水体肥水培藻效果。所以，可采取的对策有以下几种。

1）调整 pH。当 pH 偏高时，用生化产品将 pH 及时降下来，例如可按 6~8 亩计算施用药品，将六抗培藻膏 1 桶、净水王 2 瓶、红糖 2kg 混在一起降低 pH；当 pH 偏低时，直接用生石灰兑水后趁热全池泼洒来调高 pH，生石灰的用量根据 pH 的情况酌情而定，一般用量为 8~15kg/亩。待 pH 调至 7.8 以下时，施基肥和施追肥。

2）施足基肥。待 pH 调至 7.8 以下时，最好能到 7.5 就可以施基肥了，也是用生化肥料，按 5~8 亩使用 1 包酵素钙肥和 2 瓶藻激活配 1 桶六抗培藻膏，也可以配合使用其他生产厂家的相应肥料。

3）勤施追肥。在肥水 3 天后，就开始施用生化追肥，可参考各生产厂家的药品和用量。这里举一个市场上常使用的配方，按 8~10 亩使用 1 包卓越黑金神和 2 瓶藻激活配合 1 桶藻幸福或者 1 桶六抗培藻膏追肥。

**（5）消毒药的残留量过大**  消毒药的残留会影响肥水效果。所以，可采取以下几种对策。

1）曝晒。在河蟹池塘消毒清塘后，如果发现池塘里还有残余药物，这时就要排干池塘里的水，再适当延长空塘曝晒时间，一般为一周左右，然后再进水。

2）及时解毒。可用各种市售的鱼塘专用解毒剂来进行解毒，用量和用法请参考使用说明。

3）施用基肥和施用追肥。使用方法均同第一种情况下的用法。

**（6）用深井水作水源**  深井水对肥水培藻有一定的影响。故采取的对策有以下几个方面：

1）曝气增氧。在池塘进水后，开启增氧机曝气3天，来增加池塘水体里的溶解氧。

2）解除重金属。用特定的药品来解除重金属，用量和用法请参考使用说明。例如可用净水王解除重金属，每瓶2~3亩。

3）引进新水。在解除重金属3h后，引进5cm的含藻新水。

4）施用基肥和施用追肥。使用方法均同第一种情况下的用法。

**（7）引用了已经受污染的水源**  受污染的水源会直接影响肥水效果。所以，可采取以下对策。

1）解毒。用特定的药品来解毒，用量和用法请参考使用说明。

2）引进新水。在解毒3h后，引进5cm的含藻新水。

3）施用基肥和施用追肥。使用方法均同前文。

**（8）池塘浑浊**  此种情况也会影响肥水培藻的效果。因而采取的对策有以下几个方面：

1）解毒。用特定的药品来解毒，用量和用法请参考使用说明。

2）引进新水。在解毒3h后，引进5cm的含藻新水。

3）施用基肥和施用追肥。使用方法均同前文。

⚠ **【注意】**  发生这种情况时，施肥最好要在晴天的上午10：00左右进行。

**（9）塘底有青苔、泥皮、丝状藻**  这样的塘底也会影响肥水效果（图5-7）。所以，可采取以下几种对策。

1）灭青苔、泥皮、丝状藻。如果发现塘底青苔和丝状藻太多，这时可先用人工尽可能捞干净，然后再采取生化药品来处理，既安全，效果又明显。不要直接用硫酸铜等化学药品来消除青苔和丝状藻，这是因为化学物品虽然对清除青苔和丝状藻及泥皮效果明显，但是对蟹种会产生严重的药害，另外硫酸铜等化学物品对肥水不利，也对已栽的水草不利，故不宜采用。生化物品的用量和用法请参考使用说明，各地均有销售。这里介绍一种使用较多的例子，仅供参考：先将黑金神配合粉剂活菌王加藻健康（无需加红糖）混合浸泡3～12h后全池均匀泼洒，用量是3～5亩的水面用1包黑金神加2包粉剂活菌王。

图5-7　泥皮水影响水草的
生长和肥水效果

2）施用基肥和施用追肥。使用方法均同前文。

### 六　防逃设施的准备与安装

河蟹的逃逸能力比较强，一般来讲，河蟹逃跑有四个特点：一是生殖洄游时容易引起大量逃逸。在每年的"霜降"前后，生长在各种水域中的河蟹，都要千方百计逃逸。二是由于生活和生态环境改变而引起的大量逃跑。河蟹对新环境不适应，就会引起逃跑，通常持续1周的时间，以前3天最多。三是水质恶化迫使河蟹寻找适宜的水域环境而逃走。有时天气突然变化，特别是在风雨交加时，河蟹就会想办法逃逸。四是在饵料严重匮乏时，河蟹也会逃跑。因此我们建议在河蟹放养前一定要做好防逃设施。

防逃设施有多种，常用的有两种，第一种是安插高45cm的硬质钙塑板作为防逃板，埋入田埂泥土中约15cm，每隔100cm处用一木桩固定。注意四角应做成弧形，防止河蟹沿夹角攀爬外逃。第二种是采用麻布网片或尼龙网片或有机纱窗和硬质塑料薄膜作为防逃设施共同防逃，用高50cm的有机纱窗围在池埂四周，用质量好的直径为4～5mm的聚乙烯绳作为上纲，缝在网布的上缘，缝制时纲绳必须拉紧，针线从纲绳中穿过。然后选取长度为1.5～1.8m的木桩或毛竹，削掉毛刺，打入泥土中的一端削成锥形，或锯成斜口，沿池埂将桩打入土中50～60cm，桩间距3m左右，并使桩与桩之间呈直线排列，池塘拐角处呈圆弧形。将网的上纲固定在木桩上，使网高保持不低于 40cm，然后在网上部距顶端 10cm 处再缝上一条宽 25cm 的硬质塑料薄膜即可，针距以小蟹逃不出为准，针线拉紧（图 5-8）。

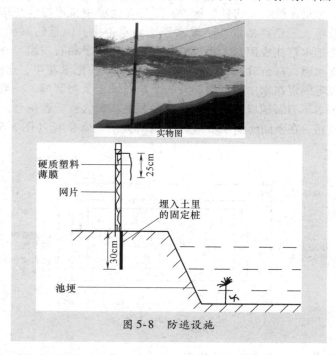

实物图

图 5-8　防逃设施

## 七　种草养螺

### 1. 水草对于河蟹养殖的重要性

"蟹多少，看水草"。水草是河蟹隐蔽、栖息、蜕壳生长的理想场所，水草也能净化水质，降低水体的肥度，对提高水体透明度，促使水环境清新有重要作用（彩图 5-3）。同时，在养殖过程中，有可能发生投喂饲料不足的情况，水草也可作为河蟹的部分饲料。在实际养殖中，我们发现种植水草能有效提高河蟹的成活率、养殖产量和产出优质商品河蟹。

### 2. 水草的种植技术

河蟹喜欢的水草种类有伊乐藻、苦草、眼子菜、轮叶黑藻、金鱼藻、水浮莲（彩图5-4）和水花生等，以及陆生的草类，水草的种植可根据不同情况而有一定差异，一是沿池四周浅水处 10%～20% 面积种植水草，既可供河蟹摄食，同时为蟹提供隐蔽、栖息的理想场所，也是河蟹蜕壳的良好地方；二是在池塘中央可提前栽培伊乐藻或菹草；三是移植水花生或水浮莲到水中央；四是临时放草把，方法是把水草扎成团，大小为 1m² 左右，用绳子和石块固定在水底或浮在水面，每亩可放 25 处左右，也可用草框把水花生、空心菜、水浮莲等固定在水中央。但所有的水草总面积要控制好，一般在池塘种植水草的面积以不超过池塘总面积的 2/3 为宜，否则会因水草过度茂盛，在夜间使池水缺氧而影响河蟹的正常生长（图5-9、彩图5-5）。

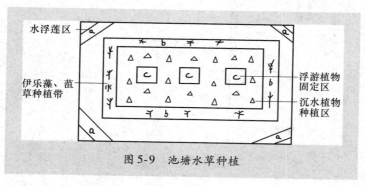

图 5-9　池塘水草种植

### 3. 蟹池中放养螺蛳的作用

螺蛳是河蟹很重要的动物性饵料，螺蛳的价格较低，来源广泛，全国各地几乎所有的水域中都会自然生存大量的螺蛳。向蟹池中投放螺蛳一方面可以改善池塘底质、净化底质，另一方面可以补充动物性饵料，具有明显降低养殖成本、增加产量、改善河蟹品质的作用，从而提高养殖户的经济效益。

在河蟹养殖池中，适时适量投放活的螺蛳，利用螺蛳自身繁殖力强、繁殖周期短的优势，任其在池塘里自然繁殖，在河蟹池塘里大量繁殖的螺蛳以浮游动物残体和细菌、腐屑等为食，因此能有效地降低池塘中浮游生物的含量，可以起到净化水质、维护水质清新的作用，在螺蛳和水草比较多的池塘里，我们可以看到水质一般都比较清新、爽嫩，原因就在这里（图5-10）。

**4. 螺蛳的选择**

螺蛳可以在市场上直接购
买，而且每年在养殖区里都会有
专门贩卖螺蛳的商户，但是对于
条件许可、劳动力丰富的养殖户
来说，我们建议最好是自己到沟
渠、鱼塘、河流里捕捞，既方便
又节约资金，更重要的是从市场
上购买的螺蛳一般都不新鲜，活
动能力弱。

图5-10 蟹池塘里必须有螺蛳

如果是购买的螺蛳，要认真挑选，要注意选择优质的螺蛳，可
以从以下几点来选择。

1）选择螺色青淡、壳薄肉多、个体大、外形圆、螺壳无破损、
靥片完整者。

2）选择活力强的螺蛳，可以用手或其他东西来测试一下，如果
受惊时螺体能快速收回壳中，同时靥片能有力地紧盖螺口，那么就
是好的螺蛳。反之则不宜选购。

3）选择健康的螺蛳，螺蛳又是病菌或病毒的携带和传播者，因
此，保健养螺又是健康养蟹的关键所在。螺体内最好没有蚂蟥（也
就是水蛭）等寄生虫寄生，另外购买螺蛳时，要避开血吸虫病易感
染地区，如江西省进贤县、安徽省无为县等地区。

4）选择的螺蛳壳要嫩、光洁，壳坚硬的不利于后期河蟹摄食。

5）引进螺蛳不能在寒冷结冰天气，以避免冻伤死亡，要选择气
温相对高的晴好天气。

**5. 螺蛳的放养**

螺蛳群体呈现出"母系氏族"，雌螺占绝大多数，即75%~80%，
雄螺仅占20%~25%。在生殖季节，受精卵在雌螺育儿囊中发育成仔
螺产出。每年的4~5月和9~10月是螺蛳的两次生殖旺季。螺蛳是分
批产卵型，产卵数量随环境和亲螺年龄而异，一般每胎20~30个，多
者40~60个，一年可产150个以上，产后2~3个星期，仔螺重达

0.025g 时即开始摄食，经过一年饲养便可交配受精产卵，繁殖后代。根据生物学家的调查，繁殖的后代经过 14 ~ 16 个月的生长又能繁殖仔螺。因此许多养殖户为了获得更多的小螺蛳，通常是在清明前每亩放养鲜活螺蛳 200 ~ 300kg，以后根据需要逐步添加。

从近几年众多河蟹养殖效益非常好的养殖户那里得到的经验总结，我们建议还是分批放养为好，可以分 3 次放养，总量在 350 ~ 500kg/亩。

第一次放养是在投放蟹种的一周后，投放螺蛳 50 ~ 100kg/亩，量不宜太大，如果量大水质不易肥起来，就容易滋生青苔、泥皮等。投放螺蛳应以母螺蛳占多数为佳，一般雌性大而圆，雄性小而长，外形上主要从头部触角上加以区分，雌螺左右两触角大小相同且向前伸展；雄螺的右触角较左触角粗而短，末端向内弯曲，其弯曲部分即为生殖器官。

第二次放养是在清明前后，也就是在 4 ~ 5 月之间，投放 200 ~ 250kg/亩，在循环沟里少放，尽量放在蟹塘中间生有水草的板田上。

第三次投放是在 6 ~ 7 月，放养量为 100 ~ 150kg/亩。有条件的养殖户最好放养仔螺蛳，这样更能净化水质，利于水草的生长。到了 6 ~ 7 月螺蛳开始大量繁殖，仔螺蛳附着于池塘的水草上，仔螺蛳不但稚嫩鲜美，而且营养丰富，利用率很高，是河蟹最适口的饵料，且正好适合河蟹生长旺期的需要。

**6. 保健养螺**

1）在投放螺蛳前 1 天，使用合适的生化药品来改善底质，活化淤泥，给螺蛳创造良好的底部环境，减少螺蛳在池塘中所携带的有害病菌数。如可使用六控底健康 1 包，用量为 3 ~ 5 亩/包。

2）在投放时应先将螺蛳洗净，并用对螺蛳刺激性小的药物对螺体进行消毒，目的是杀灭螺蛳身上的细菌及寄生虫，然后把螺蛳放在新活菌王 100 倍的稀释液中浸泡 1 个晚上。

3）在放养螺蛳的 3 天后使用健草养螺宝（1 桶用 8 ~ 10 亩）来肥育螺蛳，增加螺蛳肉质质量和口感，为河蟹提供优良的饵料，以增强体质。以后将健草养螺宝配合钙质如生石灰等，定期使用。

4）在高温季节，每 5 ~ 7 天可使用改水改底的药物，以控制寄生虫、病毒和病菌在螺蛳体内的寄生和繁殖，从而大大减少携带和传播量。

5）为了有利于水草的生长和保护螺蛳的繁殖，在蟹种入池前最好用网片圈蟹池面积的30%作暂养区，地点在深水区，待水草覆盖率达40%～50%、螺蛳繁殖已达一定数量时撤除，一般暂养至4月，最迟不超过5月底。

## 八　大规格蟹种的放养

**1. 放养蟹种的"三改"措施**

为了达到养大蟹、养健康蟹的目的，在蟹种投放上应坚持"三改"，改小规格为大规格放养、改高密度为低密度放养、改别处购蟹种为自育蟹种。尽量选择土池培育的长江水系中华绒螯蟹蟹种，为保证蟹种质量可自选亲本到沿海繁苗场跟踪繁殖再回到内地自育自养。

**2. 蟹种的选择**

1）投放的蟹种要求甲壳完整、肢体齐全、无病无伤、活力强、规格整齐、同一来源，选择1龄扣蟹，不选性早熟的2龄种和老头蟹种。

2）选择品系纯正、苗体健壮、规格均匀、体表光洁不沾污物、色泽鲜亮、活动敏捷的蟹种。

3）对蟹种进行体表检查。随机挑3～5只蟹种把背壳扒去，鳃片整齐无短缺、鳃片浅黄或黄白、无固着异物、无聚缩虫、肝脏呈橘黄色，鳃丝清晰者为健康无病的优质蟹种；如果发现蟹种的鳃片有短缺、黑鳃、烂鳃等现象，同时蟹种的肝脏明显变小，颜色变异无光泽者则为劣质蟹种、带病蟹种。

**3. 不宜投放的蟹种**

1）早熟蟹种不要投放。有的蟹种虽然看起来很小，重量只有20～30g，但是它们的性腺已经成熟，如果把这种蟹种放养在池塘里，在开春后直至第二次蜕壳时会逐渐死去。这种蟹前壳呈墨绿色，雄蟹螯足绒毛粗长发达，螯足一步足刚健有力，雌蟹肚脐变成椭圆形，四周有小黑毛，是典型的性早熟蟹种，没有任何养殖意义。

2）小老蟹苗不要投放。人们在生产上通常将小老蟹称为"懒小蟹""僵蟹"，因为它们已在淡水中生长2秋龄，因某种原因未能长

大，之后也很难长大，也就是我们常说的"养僵了"。一般性腺已成熟，所以背甲发青，腹部四周有毛，夏季易死亡，回捕率很低。

3）病蟹不要投放。病蟹四肢无力，动作迟钝，入水再拿出后口中泡沫不多，腹部有时有小白斑点，这样的蟹种不要投放；蟹种肢体不全者或有其他损伤尤其是大螯不全者最好不要投放，断肢河蟹虽能再生新足，但商品档次下降，所以也不要投放；蟹种的鳃片有短缺、黑鳃、烂鳃等现象时不要投放；蟹种活动能力不强，同时蟹种的肝脏明显变小，颜色变异无光泽的也不要投放。

4）咸水蟹种不要投放。这种蟹在海边长大，它的外表和正宗蟹种没有明显区别，但如果把咸水蟹放在淡水中一段时间，则有的死亡，有的爬行无力，有的则体色改变。

5）氏纹弓蟹种不要投放。氏纹弓蟹又称铁蟹、蟛蜞，淡水河中生长较多，它是一种长不大的水产动物，最大 50g 左右，品质差。由于它的幼体外形和中华绒螯蟹非常相似，所以常有人捕来以假乱真。稍加注意，不难发现：氏纹弓蟹背甲呈方形，步足有短细绒毛，色泽较浅。

**4. 小老蟹的鉴别方法**

养殖户在选择蟹种的时候，一定要避免性早熟蟹。河蟹性早熟就是在其尚未达到商品规格时，已由黄蟹蜕壳变为绿蟹，这时它们的性腺已经发育成熟，如果在盐度变化的刺激下，是能够交配产卵并繁殖后代的，这种未达商品规格就性成熟的蟹通常被称为"小老蟹"（彩图5-6）。

小老蟹的个体规格约为每千克 20～28 只，由于它们的大小与大规格蟹种基本一样，所以有的养殖户特别是刚刚从事河蟹养殖的人是难以将它们区分开来的。而如果将这种小老蟹作为蟹种第二年继续养殖时，其不仅生长缓慢，而且易因蜕壳不遂而死亡，更重要的是它们几乎不可能再具有生长发育的空间了，这将会给养殖生产带来损失。因此，我们一定要杜绝小老蟹在池塘里的养殖，这就是我们在编写本书时特别将小老蟹的鉴别方式作重点介绍的原因。现介绍一些较为简便易行的鉴别方法供养殖生产参考。

我们通常将鉴别小老蟹的方法简称为"五看一称"法。

（1）**看腹部** 正常的蟹种，在处于幼年期时，不论雌雄个体，它们的腹部都是呈狭长状的，略呈三角形。随着河蟹的蜕壳生长，雄蟹的腹部仍然保持三角形，而雌蟹的腹部将随着蜕壳次数的增加而慢慢变圆，到了成熟时就成为相当圆的脐了，所以成熟河蟹有"雌团雄尖"的说法。因此我们在选购蟹种时，要观看蟹种的腹部，如果都是三角形或近似三角形的蟹种，即为正常蟹种，如果蟹种腹部已经变圆，且圆的周围密生绒毛，那么就是性腺成熟的蟹种，就是明显的小老蟹，不要购买。

（2）**看交接器** 观看交接器是辨认雄蟹是否成熟的有效方法，打开雄蟹的腹部，发现里面有两对附肢，着生于第一至第二腹节上，其作用是形成细管状的第一附肢，在交配时1对附肢的末端紧紧地贴吸在雌蟹腹部第五节的生殖孔上，故雄蟹的这对附肢叫交接器。正常的蟹种，由于它们还没有达到性成熟，性激素分泌有限，因此交接器为软管状，而性成熟的小老蟹的交接器则在性腺的作用下，变为坚硬的骨质化管状体，且末端四周生绒毛，所以说交接器是否骨质化是判断雄蟹是否成熟的条件之一。

（3）**看螯足和步足** 正常蟹种步足的前节和胸节上的刚毛短而稀，不仔细观察根本就不会注意到，而在成熟的小老蟹上则表现为刚毛粗长，稠密且坚硬。

（4）**看性腺** 打开蟹种的头胸甲，如果只能看到黄色的肝脏，那就说明是正常的蟹种。若是性腺成熟的雌蟹，在肝区上面有2条紫色长条状物，这就是卵巢，肉眼可清楚地看到卵粒。若是性成熟的雄蟹，肝区有2条白色块状物，即精巢，俗称蟹膏。一旦出现这些情况就说明河蟹已经成熟了，就是小老蟹，当然是不能放养的。

（5）**看河蟹的背甲颜色和蟹纹** 正常蟹种的头胸甲背部的颜色为黄色，或黄里夹杂着少量浅绿色，其颜色在蟹种个体越小时越浅；性成熟的小老蟹背部颜色较深，为绿色，有的甚至为墨绿色，这就是性成熟蟹被称为"绿蟹"的原因，当然绿蟹就是小老蟹了，是没有任何养殖意义的。蟹纹是蟹背部多处起伏状的俗称，正常蟹种背部较平坦，起伏不明显，而性成熟蟹种背部凹凸不平，起伏相当明显。

（6）**称体重** 生产实践表明，个体重小于 15g 的扣蟹基本上没有性早熟的；小老蟹体重一般都在 20~50g 之间。因此在选择蟹种时，为了安全起见，在没有绝对判断能力时，可以通过称重来选购蟹种。在北方宜选择体重为 10~15g 的蟹种，即每千克蟹种的个数在 60~100 只，在南方可选用 5~10g 的，即每千克蟹种的个数在 100~200 只，这样既能保证达到上市规格，又可较好地避免选中小老蟹。

**5. 蟹种的放养规格**

蟹种规格为 100~200 只/kg（即 6~10g/只）的，放养密度一般为 600~800 只/亩。也有采用大规格蟹种放养的，如蟹种规格为 60~100 只/kg 的，放养密度为 400~600 只/亩。

**6. 蟹种的放养**

蟹种放养时水位控制在 50~60cm。放养时间以 3 月底以前放养结束为宜。放养时先用池水浸 2min 后提出片刻，再浸 2min 提出，重复 3 次，接着用 3%~4% 的食盐水溶液浸泡消毒 3~5min 后再放入池塘中。

为了便于以后的检查和投喂，可以将每池的放养情况作登记，见表 5-1。

**表 5-1 放养情况登记表**

| 池号 | 面积/亩 | 水深/m | 放养时间 | 品种 | 规格 | 数量 | 密度 |
|------|---------|--------|----------|------|------|------|------|
|      |         |        |          |      |      |      |      |
|      |         |        |          |      |      |      |      |
|      |         |        |          |      |      |      |      |
|      |         |        |          |      |      |      |      |

**九 科学投喂**

河蟹食性杂，且比较贪食。除"种草、投螺"外，还需要投喂饲料，投喂饲料的主要作用就是补充营养、增强免疫、促进生长。

**1. 饲料种类**

一是植物性饲料，有青糠、麦麸、黄豆、豆饼、小麦、玉米及嫩的青绿饲料，南瓜、山芋、瓜皮等，需煮熟后投喂。二是动物性饲料,有小杂鱼、轧碎螺蛳、河蚌肉等。三是配合饲料,在饲料中必须添加蜕壳素、多种维生素、免疫多糖等,以满足河蟹的蜕壳需要。配合饲料的大小要适口,各类原料经粉碎和匀后,制成合适的形状,根据河蟹不同的生长阶段,加工成大小不一的颗粒料,使之具有较强的适口性,有利于河蟹的摄食,这样可减少饲料损失,提高利用率(图5-11)。

**2. 投喂量**

要准确估算出池塘里河蟹的产量和摄食状况,根据在不同生长阶段、不同季节、不同水温条件下,河蟹对饵料的摄食情况,掌握合适的投喂量,在实际操作过程中,一般每天两次,分上午、傍晚投放,投喂以傍晚为主,傍晚的投喂量要占到全天投喂量的60% ~ 70%,要科学掌握"四看""四定"投喂技术,利用"试差法"确定每天的投喂量。

由于河蟹喜欢在浅水处觅食,因此在投喂时,应在岸边和浅水处多点均匀投喂,也可在池四周增设饵料台,以便观察河蟹吃食情况(图5-12)。

图5-11　配合饲料　　　　　图5-12　投喂饲料

**(1)"四看"投喂**

1)看季节。5月中旬前动物性饵料、植物性饵料比为60:40;5月中旬至8月中旬为45:55;8月下旬至10月中旬为65:35。

2)看实际情况。当连续阴雨天气或水质过浓时,可以少投喂,天气晴好时适当多投喂;大批河蟹蜕壳时少投喂,蜕壳后多投喂;河蟹发病季节少投喂,生长正常时多投喂。既要让河蟹吃饱吃好,又要减少浪费，提高饲料利用率。

3）看水色。水的透明度大于50cm时可多投，小于20cm时应少投，并及时换水。

4）看摄食活动。发现过夜剩余饵料应减少投喂量。

**（2）"四定"投喂**

1）定时。高温时节每天2次，最好定到准确时间，调整时间宜半月甚至更长时间才能进行。水温较低时，也可每天喂1次，安排在下午。

2）定位。沿池边浅水区定点"一"字形摊放，每间隔20cm设一投喂点。

3）定质。青、粗、精结合，确保新鲜适口、不腐烂变质，营养搭配合理，建议投配合饵料，全价颗粒饵料，严禁投腐败变质饵料，做成团或块，以提高饵料利用率，其中动物性饵料占40%，粗料占25%，青料占35%。动物下脚料最好是煮熟后投喂，在池中水草不足的情况下，一定要添加陆生草类的投喂，夏季要捞掉吃不完的草，以免腐烂影响水质。

4）定量。自配的新鲜饲料日投喂量的确定按3～4月为蟹体重的1%左右，5～7月为蟹体重的5%～8%，8～10月为蟹体重的10%以上进行投喂。全价配合颗粒饲料日投喂量控制在1%～5%。每日的投喂量早上占30%，下午占70%。河蟹最后一两次蜕壳即将起捕时，则宜大量投喂动物性饲料，以达到快速增肥的目的，提高成蟹规格。

幼蟹刚下塘时，日投喂量每亩为0.5kg。随着生长，要不断增加投喂量，具体的投喂量除了与天气、水温、水质等有关外，还要自己在生产实践中把握，这里介绍一种叫试差法的投喂方法来掌握投喂量。在第二天喂食前先查一下前一天所喂的饵料情况，如果没有剩下，说明基本上够吃了，如果剩下不少，说明投喂得过多了，一定要将饵量减下来，如果看到饵料没有了，且饵料投喂点旁边有河蟹爬动的痕迹，说明上次投喂量少了一点，需要加一点，如此3天就可以确定投喂量了。在没捕捞的情况下，隔3天增加10%的投喂量。

### 3. 投喂原则

河蟹是以动物性饲料为主的杂食性动物，在投喂上应将动、植物性饲料合理搭配，实行"两头精、中间青、荤素搭配、青精结合"的科学投喂原则进行投喂。

**（1）根据河蟹的生活习性投喂**　河蟹有昼伏夜出的生活习性，饵料投喂应以晚间投喂为主，白天投喂为辅。其晚间投喂量占全天饵料量的70%。

**（2）改深水区为浅水区投喂**　饵料投放在有水草的浅水区，布点要均匀，并坚持"四看""四定"的投喂原则。

**（3）投喂方法要得当**　投喂河蟹最好用瓦片搭设饵料台，饵料台离水面约0.5m，每池可设饵料台10～15个。日投喂次数可根据河蟹的摄食节律和季节而定，温度较低时，日投喂1次，在大生长期，上午9：00和下午5：00各投喂1次，以下午投喂为主，占日投喂量的70%；每天要及时清除残饵，并对食台定期消毒；经常换冲水，确保水体溶氧丰富，促进河蟹对饲料的摄食，提高饲料的利用率。

**（4）科学投喂成熟蟹**

1）改晚间投喂为白天投喂。成熟蟹开始生殖洄游，晚上上岸爬行，体力消耗过大，易造成洄游蟹营养不足，因此要适当投喂。在投喂方法上，改过去的晚上投喂为白天投喂。

2）防营养过剩死亡。特别是成熟的雌蟹，肝脏85%以上转化为性腺时，肝功能下降，如果在此时大量投喂动物性饵料，一方面肝功能不能适应高蛋白的营养储存，另一方面促使雌雄蟹提前在淡水里交配，引起死亡，因此不要投喂动物性饵料，而是采用配合饲料搭配玉米、小麦等粗饲料一起投喂。

### 4. 鱼蟹混养的投喂

实施鱼蟹混养模式的，应先喂鱼、后喂蟹。鱼料投入深水区，蟹料投入浅水区，以防鱼蟹争食，使蟹吃不到饵料，影响河蟹生长。

### 5. 河蟹喂食需要了解的真相

1）我们应该了解河蟹自身消化系统的消化能力是不足的，主要表现为河蟹消化道短，内源酶不足；另外气候和环境的变化尤其是水温的变化会导致蟹产生应激反应，甚至拒食等，这些因素都会妨碍河蟹对营养的消化吸收。

2）不要盲目迷信河蟹的天然饵料，有的养殖户认为只要水草养好了，螺蛳投喂足了，再喂点小麦、玉米什么的就可以了，而忽视了配合饲料的使用，这种观念是错误的，在规模化养殖中我们不可能有那么丰富的天然饵料，因此我们必须科学使用配合饲料，而且要根据不同的生长阶段使用不同粒径、不同配方的配合饲料。

3）饲料本身的营养平衡与生产厂家的生产设备和工艺配方相关联，如有的生产厂家为了节省费用，会用部分植物蛋白（常用的是发酵豆粕）替代部分动物蛋白（如鱼粉、骨粉等），加上生产过程中的高温环节对饲料营养的破坏，如磷酸酯等会丧失，会导致饲料营养的失衡，从而也影响了河蟹对饲料营养的消化吸收及营养平衡的需求。所以，在选用饲料时要理智谨慎，最好选用用户口碑好的知名品牌。

4）为了有效弥补河蟹消化能力的不足缺失，提高河蟹对饲料营养的消化吸收，满足其营养平衡的需求，增强其免疫抗病能力，在喂料前，定期在饲料中拌入产酶益生菌、酵母菌和乳酸菌等，是很有必要的。这些有益微生物，既能补充河蟹的内源酶，增强消化功能，促进对饲料营养的消化吸收，还能有效抑制病原微生物在消化系统的生长繁殖，维护消化道的菌群平衡，修复并促进体内微生态的健康循环，预防消化系统疾病，对河蟹养殖十分重要。另外如果在饲料中定期添加保肝促长类药物，既有利于保肝护肝，增强肝功能的排毒解毒功能，又能提高河蟹的免疫力和抗病能力，因此我们在投喂饲料时要定期使用一些必备的药物。

5）我们在投喂饲料时，总会有一些饲料沉积在池底，从而对底质和水质造成一些不好的影响，为了确保池塘的水质和底质都能得到良好的养护和及时的改善，从而减少河蟹的应激反应，因此我们在投喂时，会根据不同的养殖阶段和投喂情况，在饲料中适当添加一些营养保健品和微量元素，可增强蟹的活力和免疫抗病能力，提高饲料营养的转化吸收，促进河蟹生长，降低养蟹风险和养殖成本，提高养殖效益。

**6. 投喂时警惕病从口入**

1）注意螺蛳的清洁投喂，具体处理方法请见保健养螺。

2）注意对冰鲜鱼的处理。养殖户投喂的冰鲜野杂鱼类几乎没有经过任何处理，野杂鱼中也附带着大量有害细菌、病毒，特别是已经变质的野杂鱼。河蟹在摄食的过程中将有害的病毒和病菌或有毒的重金属或药残带入体内，从而引发病害，常见的如肝脏肿大、萎缩、糜烂、肠炎、空肠、空胃等。

【处理方法】在投喂冰鲜野杂鱼前，可使用大蒜素进行拌料处理来消除其中的有害物质，经过发酵的天然大蒜的杀菌抑菌能力是普通抗生素的 5 ~ 8 倍，且无残留，不形成抗性，具体的使用请参考各生产厂家的大蒜素或类似产品的用法与用量。

3）在高温季节对颗粒饲料进行相应的处理。在高温时节投喂颗粒饲料时，容易使饲料溶散，不利于河蟹摄食，另外这些没有被及时摄食的饲料沉入塘底，一方面造成饵料浪费严重，另一方面则容易造成底质腐败，溶氧缺乏，病毒、病菌容易繁殖，有毒有害物质容易形成，整个养殖环境处于重度污染状态。

【处理方法】在投喂饲料前，适当配合环保营养型黏合剂，将饲料包裹后投喂，既能起到诱食促食作用，还能增强营养消化，这样不仅可以降低饵料系数，减轻底质污染，更重要的是能有效地控制河蟹病从口入，减少病害的发生。

## ✚ 水质的养护与改良

### 1. 养殖前期的水质养护

在用有机肥和化学肥料或者是生化肥料培养好水质后，在放养蟹种的第四天，可用相应的生化产品为池塘提供营养来促进优质藻相的持续稳定，这是因为在藻类生长繁殖的初期对营养的需求量较大，对营养的质量要求也较高，当然这些藻类快速繁殖，在水里是优势种群，它们的繁殖和生长会消耗水体中大量的营养物质，此时如果不及时补施高品质的肥料养分，水色很容易被消耗掉，而呈澄清样，藻相因营养供给不足或者营养不良而出现"倒藻"现象。另一方面蟹池里的水色过度澄清会导致天然饵料缺乏，水中溶氧偏低，蟹种很快就会出现游塘、伏边等应激反应，这时蟹种的活力减弱，免疫力也随之下降，直接影响蟹种第一次蜕壳的成活率，最终影响回捕率。

> **【提示】** 保持藻相的方法很多，只要用对药物和措施得当就可以了，这里介绍一种方案，仅供参考。在放养蟹种的第三天下午，用黑金神药液（按说明书用量）泼洒水体，经过1夜的药物作用，到了第四天上午配合使用藻幸福或者六抗培藻膏追肥，用量为1包卓越黑金神加1桶藻幸福或者1桶六抗培藻膏，可以泼洒7~8亩。

**2. 中后期的水质养护**

水质的好与坏，优良水质稳定时间的长与短，取决于水草、菌相（指益生菌）、藻相是否平衡，是否有机共存于池塘里。如果水体中缺菌相，就会导致水质不稳定；如果水体中缺藻相，就会导致水体易浑浊，主要是水中悬浮颗粒多；如果水体中缺水草，河蟹就好像少了把"保护伞"，所以养一塘好水，就必须适时地定向护草、培菌、培藻。

根据水质肥瘦情况，应酌情将肥料与活菌配合使用。如果水色偏瘦，可采取以肥料为主以活菌为辅的方式进行追肥。追肥时可以采用生物有机肥或有机无机复混肥，但是更有效的则是采用培藻养草专用肥，这种肥料可全溶化于水，既不消耗水中溶氧，又容易被藻类吸收，是理想的追施肥料。相应的肥料市面上有售。

> **【提示】** 如果水质过浓，就要采取净水培菌措施，使用药物和方法请参考各生产厂家的药品。这里介绍一例，可先用六控底健康全池泼洒1次，第二天再用灵活100加藻健康泼洒，晚上泼洒纳米氧，第三天左右，蟹池的水色就可变得清、爽、嫩、活。

**3. 中后期危险水色的防控和改良**

河蟹养到中后期，塘底的有机质除了耗氧腐败底质外，也对水草、藻类的营养有一定作用，可以部分促进水草、藻类生长。在中后期，我们更要做好的是防止危险水色的发生，并对这种危险水色进行积极的防控和改良。

**（1）老绿色（或深蓝绿色）水** 水质浓浊，透明度在20cm左右。在池塘下风处，水表层往往有少量绿色悬浮细末，若不及时处理，池水迅速老化，藻类易大量死亡，河蟹在此水体中易发病，生长缓慢，活力衰弱，蟹体瘦瘪。

【对策】一是立即换排水；二是可全池泼洒解毒药剂，以减轻微囊藻对河蟹的毒性。

**（2）灰绿、灰蓝或暗绿色的水**　水面有油污状物，水质浓浊，有黏滑感，增氧机打起的水花为浅绿色。河蟹在此环境中极易生病，表现为减料明显，空肠空胃，如果不及时得到妥善的改良处理，就会发生严重病害。

【对策】一是立即换排水；二是可全池泼洒解毒药剂，以减轻毒性；三是在解毒后进行改底，方法同前文。

**（3）酱红色或砖红色的水**　池水在阳光照射下呈砖红色，池水有黏性感，底质酸化，水体严重缺氧，pH下降，这种水色下的河蟹死亡率极高，对生产危害极大。

【对策】一是立即换排水，有可能的话可换全池4/5的水；二是换水后第二天引进3~5cm的含藻新水；三是全池泼洒生物制剂如芽孢杆菌等，用量与用法请参考使用说明；四是如果无法大量换水时，要立即用解毒药对水体先进行解毒，然后用改底药进行改底。

**（4）白浊色（乳白色）水**　此种水色中主要含有害微生物和纤毛虫、轮虫、桡足类等浮游动物及黏土微粒或有机碎屑。这种水质属致病性的水体。

【对策】处理方法同酱红色或砖红色水。

**（5）土黄浊白色水**　为雨水冲刷塘基上的细黏土入池所致。

【对策】一是全池泼洒净水剂，让池水由浑浊慢慢转为清澈；二是对池水进行解毒处理；三是引进3~5cm的含藻新水；四是用生化肥料对池塘进行追肥和施肥，方法同前文。

**（6）青苔水**　蟹池中青苔大量繁衍对河蟹苗种成活率和养殖效益影响极大（彩图5-7）。

【对策】青苔大量发生后，由于蟹池中有大量的水草需要保护，常用的硫酸铜及含除草剂类药物的使用受到限制，因此青苔的控制应重在预防。常见的预防措施有：①种植水草和放养蟹苗前干塘曝晒1个月以上；②清塘时每亩蟹池用生石灰75~100kg化浆全池泼洒；③消毒清塘 5 天后，必须用相应的药物进行生物净化，不仅能消除养殖隐患，同时还能消除青苔和泥皮；④种植水草时要加强对水草和螺蛳的养护，促进水草生长，适度肥水，防止青苔发生；⑤种植水草后采用低水位催芽，随着水草生长及时加高水位，长江流域在 4 月中下旬时池水水位不低于 40cm，5 月中旬时池水水位不低于 60cm；⑥合理投喂，防止饲料过剩，饲料必须保持新鲜。

**（7）黄泥色水** 又称泥浊水，指池水出现泥浊现象。

【对策】这种水质要耐心地渐进处理。①及时换水，增加溶氧，如果 pH 太低，可泼洒生石灰调水；②引进 10cm 左右的含藻水源；③用肥水培藻的生化药品在晴天上午 9：00 全池泼洒，目的是培养水体中的有益藻群；④待肥好水色、培起藻后，再追肥来稳定水相和藻相，此时将水色由黄色向黄中带绿→浅绿→翠绿转变。

**（8）分层水** 分层水的种类比较多，有水体表层呈带状或云团状、水色不同的分层；有水体上层水浓、下层水清的分层；有水体表面洁净，但中下层水很混浊的分层。

【对策】一是在气压低或阴雨天前后，可泼洒破坏水面张力的药物，来促进恢复水体上下层的生态循环；二是全池泼洒生石灰，7 天后选择晴天再施培藻的生物药品，全池泼洒，具体药物使用请参考药物说明书，这些都可有效解决水体分层的问题。

**（9）黑褐色与酱油色水** 这种水质和底质均老化，增氧机打起的水花为浅黑色，水黏滑，易起泡。

【对策】一是立即换水一半左右；二是换水后第二天引进 3 ~ 5cm 的含藻新水；三是全池泼洒生物制剂如芽孢杆菌等，用量与用法请参考使用说明；四是如果无法大量换水时，要立即用解毒药对水体先进行解毒，然后用改底药进行改底。

## 十一 底质的养护与改良

### 1. 底质对河蟹的影响

河蟹具有典型的底栖类生活习性，它们的生活生长都离不开底质，因此底质的优良与否会直接影响河蟹的活动能力，从而影响它们的生长、发育，甚至影响它们的生命，进而会影响养殖产量与养殖效益。

底质，尤其是长期养殖池塘的底质，往往是各种有机物的集聚之所，这些底质中的有机质在水温升高后会慢慢地分解。在分解过程中，它一方面会消耗水体中大量的溶解氧来满足分解作用的进行；另一方面，在有机质分解后，往往会产生各种有毒物质，如硫化氢、亚硝酸盐等，结果就会导致河蟹因为不适应这种环境而频繁地上岸或爬上草头，轻者会影响它们的生长蜕壳，造成上市河蟹的规格普遍偏小，价格偏低，养殖效益也会降低，严重的则会导致池塘缺氧泛塘，甚至河蟹中毒死亡（彩图5-8）。

底质在河蟹养殖中还有一个重要的影响就是会改变河蟹的体色，从而影响出售时的卖相。河蟹的体色是与它们的生活环境相适应的，而且也会随着生活环境的改变而改变，例如在黄色壤土这种底质中生长的河蟹，其与在湖泊中生产的河蟹极其相似，呈现出青壳白脐、金爪黄毛、肉品味好的优势。而在淤泥较多的黑色底质中养出的成蟹，常常一眼就能看出是"黑底蟹""铁壳蟹"等，它们的具体特征就是甲壳灰黑，脐腹部有黑斑，肉松味淡，商品价值非常低（彩图5-9）。

### 2. 底质不佳的原因

河蟹塘池底变黑发臭的原因，主要是由以下几点造成的。

1）在冬、春季节清塘不彻底，过多的淤泥没有及时清理出去，造成底泥中的有机物过多，这是底质变黑的主要原因之一。

2）一些养殖河蟹的池塘设计不合理，开挖不科学，水体较深，上下水体形成了明显的隔离层，造成池塘底部长期缺氧，从而导致一些嫌气性细菌大量繁殖，水体氧化能力差，水体中有毒有害物质增多，底质恶化，造成底部有臭气产生。

3）一些养殖户投喂不科学，饲料利用率较低、长期投喂过量的或者是投喂蛋白质含量过高的饲料，这些过量的饲料并没有被河蟹及时摄食利用，从而沉积在底泥中；另一方面就是河蟹新陈代谢产生的大量粪便也沉积在底泥中，为病原微生物的生长繁殖提供了条件。这些沉积在底泥中的饲料、粪便，一方面消耗池水中大量的氧气，同时还分解释放出大量的硫化氢、沼气、氨气等有毒有害物质，使底质恶臭。

4）在养殖过程中，随着水产养殖密度的不断增大，以消耗大量高蛋白饲料及污染池塘自身和周边环境为代价来维持生产的养殖模式，破坏了池塘原有的生态平衡。加上养殖户为了防治鱼病，大量使用杀虫剂、消毒剂、抗生素等药物，甚至农药鱼用，并且使用的药剂量越来越高。这样，在养殖过程中，养殖残饵、粪便、死亡动物尸体和杀虫剂、消毒剂、抗生素等化学物在池底沉淀，形成黑色污泥，污泥中含有丰富的有机质，以厌氧微生物占主导地位，严重破坏了底质的微生态环境，导致各种有毒有害物质恶化底质，从而危害养殖河蟹。还有一些养殖户并不遵循科学养殖的原理，用药不当，经常使用一些化学物质或聚合类药物，破坏了水体的自净能力，例如大量使用以沸石粉、木炭等吸附性物质为主的净水剂，这些药物在絮凝作用的影响下沉积于底泥中，从而造成池底变黑发臭。

5）在养殖前期，由于青苔较多，许多养殖户会大量使用药物来杀灭青苔，这些死亡后的青苔并没有被及时地清理或消解，而是沉积于底泥中；另外在养殖中期，河蟹会不断地夹断水草，这些水草除了部分漂浮于水面之外，还有一部分和青苔以及其他水生生物的尸体一起沉积于底泥中，随着水温的升高，这些东西会慢慢地腐烂，从而加速底质变黑发臭。

> 【提示】 一般情况下，池塘的底质腐败时，水草会大量腐烂，水体和底质中的重金属含量明显超标，虾类（尤其是龙虾）和河蟹等都会产生黑底板现象；如果这些黑底板的河蟹在生长过程中，长期缺乏营养或营养达不到需求，这时河蟹会渐渐地由黑底板发展为锈底板，黑壳蟹也会变成铁壳蟹。

### 3. 底质与疾病的关联

在淤泥较多的池塘中，有机质的氧化分解会消耗掉底层本来并不多的氧气，造成底部处于缺氧状态，形成所谓的"氧债"。在缺氧条件下，嫌气性细菌大量繁殖，分解池塘底部的有机物质而产生大量有毒的中间产物，如 $NH_3$、$NO_2^-$、$H_2S$、有机酸、低级胺类、硫醇等。这些物质大都对河蟹有着很大的毒害作用，并且会在水中不断积累，轻则会影响河蟹的生长，使饵料系数增大，养殖成本升高；

重则会提高河蟹对细菌性疾病的易感性，导致河蟹中毒死亡。

另一方面，当底质恶化，有害菌大量繁殖，水中有害菌的数量达到一定峰值时，河蟹就可能发病。如河蟹甲壳的溃烂病、肠炎病等。

**4. 科学改底的方法**

1）提倡采用微生物型或益生菌来进行底质改良，以达到养底护底的效果。充分利用复合微生物中的各种有益菌的功能优势，发挥它们的协同作用，将残饵、排泄物、动植物尸体等影响底质变坏的隐患及时分解消除，可以有效地养护底质和水质，同时还能有效地控制病原微生物的蔓延扩散。

2）快速改底可以使用一些由化学产品混合而成的底改产品，但是从长远的角度来看，还是尽量不用或少用化学改底产品，建议使用微生物制剂的改底产品，通过有益菌如光合细菌、芽孢杆菌等的作用来达到改底的目的。

3）做好间接护底的工作，可以在饲料中长期添加大蒜素、益生菌等微生物制剂，因为这些微生物制剂是根据动物正常的肠胃菌群配制而成的，其利用益生菌代谢的生物酶补充河蟹体内内源酶的不足，促进饲料营养的吸收转化，降低粪便中有害物质的含量，且排出来的芽孢杆菌又能净水，达到水体稳定、及时降解的目的，可全方面改良底质和水质。所以在饲料中添加大蒜素、益生菌等微生物制剂，不仅能降低河蟹的饵料系数，还能从源头上解决河蟹排泄物对底质和水质的污染，节约养殖成本。

4）定向培养有益藻类，适当施肥并防止水体老化。养殖池塘不怕"水肥"，而是怕"水老"，因为"水老"藻类才会死亡，才会出现"水变"，水肥不一定"水老"。可以定期使用优质高效的水产专用肥来保证肥水效率，如"生物肥水宝""新肽肥（池塘专用）"等。这些肥水产品都能被藻类及水产动物吸收利用，且不污染底质。

## 十二　做好补钙工作

在池塘养蟹过程中，有一项工作常常被养殖户忽视，但却是养殖河蟹成功与否的不可忽视的关键工作，这项工作就是补钙。

1）水草、藻类生长需要吸收钙元素。钙是植物细胞壁的重要组成成分，如果池塘中缺钙，就会限制蟹池里的水草和藻类的繁殖。我们在放苗前肥水时，常常会发现有肥水困难或水草老化、腐败现象，其中一个重要的原因就是水中缺钙元素，导致藻类、水草难以生长繁殖。因此肥水前或肥水时需要先对池水进行补钙，最好是补充活性钙，以促进藻类、水草快速吸收转化，达到"肥、活、嫩、爽"的效果。

2）养殖用水要求有合适的硬度和合适的总碱度，因此水质和底质的养护和改良也需要补钙。养殖用水的钙、镁含量合适，除了可以稳定水质和底质的 pH，增强水的缓冲能力，还能在一定程度上降低重金属的毒性，并能促进有益微生物的生长繁殖，加快有机物的分解矿化，从而加速植物营养物质的循环再生，对抢救倒藻、增强水草生命力、修复水色及调理和改善各种危险水色、底质，效果显著。

3）河蟹的整个生长过程都需要补钙。

① 河蟹的生长发育离不开钙。钙是动物骨骼、甲壳的重要组成部分，对蛋白质的合成与代谢、碳水化合物的转化、细胞的通透性、染色体的结构与功能等均有重要影响。

② 河蟹的生长离不开钙。河蟹的生长要通过不断地蜕壳和硬壳来完成，因此需要从水体和饲料中吸收大量的钙来满足生长需要，集约化的养殖方式又常使水体中矿物质盐的含量严重不足。而钙、磷吸收不足又会导致河蟹的甲壳不能正常硬化，形成软壳病或者蜕壳不遂，生长速度减慢，严重影响河蟹的正常生长。因此为了确保河蟹的生长发育正常和蜕壳的顺利进行，需要及时补钙。可以说，补钙固壳、增强抗应激能力，钙是加固防御病毒侵入而影响健康养殖的防火墙。

## 十三 日常管理

### 1. 建立巡池检查制度

勤做巡池工作，发现异常及时采取对策。早晨主要检查有无残饵，以便调整当天的投喂量，中午测定水温、pH、氨氮、亚硝酸氮等有害物，观察池水变化，傍晚或夜间主要是观察了解河蟹活动及吃食情况。经常检查、维修、加固防逃设施，台风暴雨来临时应特别注意做好防逃工作。

**2. 加强蜕壳蟹的管理**

通过投喂、换水等措施，促进河蟹群体集中蜕壳。蟹池中始终保持有较多水生植物，蜕壳后及时添加优质饲料，严防因饲料不足而引发河蟹之间的相互残杀。大批河蟹蜕壳时严禁干扰，蜕壳后立即增喂优质适口饲料，防止相互残杀，促进生长。

**3. 水草的管理**

根据水草的长势，及时在浮植区内泼洒速效肥料。肥液浓度不宜过大，以免造成肥害。如果水花生高达 25~30cm 时，就要及时收割，收割时须留茬 5cm 左右。其他的水生植物，也要保持合适的面积与密度。

**4. 防毒解毒**

防毒解毒是指定期有效地预防和消除养殖过程中出现或可能出现的各种毒害，如重金属中毒、消毒杀虫灭藻药中毒、亚硝酸盐中毒、硫化氢中毒、氨中毒、饲料霉变中毒、藻类中毒等。尤其重金属对河蟹养殖的危害，我们必须要有清醒的认识。

常见的重金属离子有铅、汞、铜、镉、锰、铬、砷、铝、锑等，重金属的来源主要有三方面：第一个方面是来自工业污水、生活污水、种养污水等，它们在排放后通过一定的渠道会注入或污染河蟹养殖的进水口，从而造成重金属超标，不经过解毒处理无法放蟹种。第二个方面是来自于所抽的地下水，本身重金属超标。第三个方面是自我污染，也就是说在养殖过程中滥用各种吸附型水质和底质改良剂等，从而导致重金属离子超标。尤其是在养殖中后期，塘底的有机物随着投喂量和蟹粪便以及动植物尸体的不断增多，底质环境非常脆弱，受气候、溶氧、有害微生物的影响，容易产生氨氮、硫化氢、亚硝酸盐、甲烷、重金属等有毒物质，其中的有些有毒成分可以检出，有的受条件限制无法检出，比如重金属和甲烷。还有一种自我污染的途径就是由于管理的疏忽，对塘底的有机物没有及时有效地处理，造成水质富营养化，产生水华和蓝藻。那些老化及死亡的藻类，以及泼洒消毒药后投喂的饵料都携带着有毒成分，且容易被河蟹误食，从而造成河蟹中毒。

重金属超标会严重损害河蟹的神经系统、造血系统、呼吸系统

和排泄系统，从而引发神经功能紊乱、代谢失常、肝胰腺坏死、肝脏肿大、败血、黑鳃、烂鳃、停止生长等症状。

因此我们在河蟹的日常管理工作中就要做好防毒解毒工作，从而消除养殖的健康隐患。

首先是对外来的养殖水源要加强监管，努力做到不使用污染水源；其次是在使用自备井水时，要做好曝晒的工作和及时用药物解毒的工作；再次就是在养殖过程中不滥用药物，减少自我污染的可能性。高密度养殖的池塘环境复杂而脆弱，潜伏着致病源的隐患随时都威胁着河蟹的健康养殖。因此中后期的定期解毒排毒是很有必要的。

**5. 蟹病防治**

在整个养殖过程中，蟹病防治应遵循"预防为主、防治结合"的原则，坚持以生态防治为主，药物防治为辅。积极采取清塘消毒、种草投螺、自育蟹种、苗种检疫和消毒、使用生物活菌调控水质和改善底质等技术措施，达到不生病或少生病，不用药或少用药的目的。

发现河蟹患病时，必须注意不能马上消毒，这样操作，只会加重蟹的病情。在生病时一定要先解毒，降解水体、蟹体的毒性，增强蟹的抗应激能力，并优化、稳定水质，平衡水体 pH，第二天再进行底质改良、去污或进行消毒等。

在防治上应注意一要对症；二要按量；三要有耐心，一般用药后 3~5 天才能见效；四是外用和内服必须双管齐下，相互结合，在治疗的同时必须内服保肝促长灵、虾蟹多维、健长灵等恢复、增强体力的产品；五是先杀虫后灭菌消毒。

> ➡ **【提示】** 河蟹敌害主要有老鼠、青蛙、蟾蜍、水蜈蚣、蛇及水鸟等，平时应及时做好灭鼠工作，春夏季需经常清除池内蛙卵、蝌蚪等。水鸟和麻雀都喜欢啄食刚蜕壳后的软壳蟹，因此一定要注意及时驱除。

**6. 防应激、抗应激**

防应激、抗应激，无论是对水草、藻相和河蟹都很重要。如果水草、藻相应激而死亡，那么水环境就会发生变化，直接导致河蟹马上会连带发生应激反应。可以这样说，大多数的河蟹病害是因应激反应才导致蟹活力减弱，病原体侵入河蟹体内而引发的。

水草、藻相的应激反应主要是受气候、用药、环境变化（如温差、台风天、低气压、强降雨、阴雨天、风向变化、夏季长时间水温高、泼洒刺激性较强的药物、底质腐败等因素）的影响而发生。为防止气候变化引起应激反应，应养成关注天气气象信息的好习惯，提前听天气预报预知未来3天的天气情况，当出现闷热无风、阴雨连绵、台风暴雨、风向不定、雨后初晴、持续高温等恶劣天气和水质泥浊等不良水质时，不宜过量使用微生物制剂或微生物底改调水改底，更不宜使用消毒药；同时，应酌情减料投喂或停喂，否则会刺激河蟹产生强应激反应，从而导致恶性病害发生，造成严重后果。

### 7. 其他

其他的管理工作还包括在汛期加强检查，严防逃蟹、防偷、缺氧、防漏水以及记载饲养管理日志等工作，也须认真做好。

## 第二节　池塘微孔增氧养殖河蟹

溶解氧是养殖鱼、虾、蟹等水生动物生存的必要条件，溶解氧的多少影响着养殖水生动物种类的生存、生长和产量。采用有效的增氧措施，是提高池塘养殖单位产量和效益的重要手段（图5-13）。

图 5-13　微管增氧

### 一　池塘微孔增氧的概念

池塘微孔增氧技术就是池塘管道微孔增氧技术，也称纳米管增氧，是近几年涌现出来的一项水产养殖新技术，是国家重点推荐的

一项新型渔业高效增氧技术，有利于推进生态、健康、优质、安全养殖。

微孔管增氧装置是利用三叶罗茨鼓风机通过微孔管将新鲜空气从水深1.5～2m的池塘底部均匀地在整个微孔管上以微气泡形式溢出，微气泡与水充分接触产生气液交换，氧气溶入水中，能大幅度提高水体溶解氧含量，达到高效增氧、提高产量的目的，现已广泛应用于水产养殖上。

据有关研究资料报道，鱼类在溶氧3mg/L时的饵料系数，要比4mg/L时增大1倍，生长在溶氧7mg/L中的鱼生长速度比生长在溶氧4mg/L中的鱼快20%～30%，而饵料系数低30%～50%。当水中溶氧量达到4.5mg/L以上时，鱼的食欲增强极为明显；达到5mg/L以上时，饵料系数达到最低值。因此可以这样说，池塘中溶氧的状况是影响河蟹摄食量及饲料食入后消化吸收率，以及生长速度、饵料系数高低的重要因素。所以，增氧显得尤为重要，使用增氧机可以有效补充水塘中的溶解氧。一般用水车式增氧机的池塘，上层水体很少缺氧，但却难以提供池底充足氧气，所以缺氧都是在池塘底部。池塘微孔增氧技术正是利用了池塘底部铺设的管道，把含氧空气直接输到池塘底部，从池底往上向水体散气补充氧气，使底部水体一样保持高的溶解氧，防止底层缺氧引起的水体亚缺氧，同时它也会造成水流的旋转和上下对流，将底部有害气体带出水面，加快对池底氨、氮、亚硝酸盐、硫化氢的氧化，抑制低部有害微生物的生长，改善池塘的水质条件，减少病害的发生。在主机具有相同功率的情况下，微孔增氧机的增氧能力是叶轮式增氧机的3倍，为当前主要推广的增氧设施。

## 二 池塘微孔增氧的类型及设备

### 1. 点状增氧系统

又称短条式增氧系统，其就像气泡石一样进行工作，在增氧时呈点状分布，具有用微孔管少、成本低、安装方便的优点。它的主要结构是由三部分组成的，就是主管—支管—微孔曝气管。支管长度一般在50m以内，在支管道上每隔2～3m有固定的接头连接微孔曝气管，而微管也是较短的，一般在15～50cm。

## 2. 条形增氧系统

就是在增氧时呈长条形分布，比点状增氧效率更高一点，当然成本也要高一点，需要的微管也要多一点，曝气管总长度在60m左右，管间距10m左右，每根微管30~50cm，同时微孔曝气管距池底10~15cm，不能紧贴着底泥，每亩配备功率0.1kW的鼓风机。

## 3. 盘形增氧系统

这是目前使用效率最高的一种微孔增氧系统，也是制作最复杂的系统，在增氧时，氧气呈盘子状释放，具有立体增氧的效果。使用时用4~6mm直径钢筋弯成盘框，曝气管固定在盘框上，盘框总长度15~20m，每亩装三四只曝气盘，盘框需固定在池底，离池底10~15cm。每亩配备功率0.1~0.15kW的鼓风机。

无论是哪种微管增氧系统，它们都需要主机，主机是为池塘的氧气提供来源的，因此需要选择好。一般选择罗茨鼓风机，因为它具有寿命长、送风压力高、送风稳定性和运行可靠性强的特点，功率大小依水面面积而定，15~20亩（二三个塘）可选3kW的一台，30~40亩（五六个塘）可选5.5kW的一台。总供气管架设在池塘中间上部，高于池水最高水位10~15cm，并贯穿整个池塘，呈南北向。总管后面一般接上支管，然后再接微管。

### 三 微孔增氧的合理配置

在池塘中利用微孔增氧技术养殖河蟹时，微孔系统的配置是有讲究的，根据相关专家计算，深为1.5m以上的每亩精养塘需40~70m长的微孔管（内外直径10mm和14mm）。在水体溶氧低于4mg/L时，开机曝气2h能提高到5mg/L以上。

对于微管的管径也有一定的要求，如水深为1.5~3m之间的露天养殖水体，用外直径14mm、内直径10mm的微孔管，每根管长度不超过50m；工厂化养殖水体，水深3~4m的，用外直径14~14.5mm，内直径10mm微孔管，管长不超过50m；水深1.5m以下的大水面，用外直径17mm，内直径12mm的微孔管，管长不超过60m。

### 四 微管的布设技巧

利用微孔增氧技术，强调的是微管的作用，因此微管的布设也

是很有讲究的，这里以一家养殖河蟹的池塘为例来说明微管的布设技巧。这口池塘的水深（正常蓄水）为1m，要求微管布在离池底10cm处，也可以说要布设在水平线下90cm处，这样我们可用两根长1.2m以上的竹竿，把微孔管分别固定在竹竿的由下向上的30cm处，而后再向上在90cm处打一个记号，然后两人各抓一根竹竿，各向池塘两边把微孔管拉紧后将竹竿插入塘底，直至打记号处到水平为止。在布设管道时，一定要将微管底部固定好，管子不能出现脱离固定桩，浮在水面的情况，这样就会大大降低使用效率。要注意的是充气管在池塘中的安装高度应尽可能保持一致，底部有沟的池塘，滩面和沟的管

图5-14　微孔增氧管的安放

道铺设宜分路安装，并有阀门单独控制。如果塘底深浅不在一个水平线上，则以浅的一边为准布管（图5-14）。

在微管设置时要注意不要和水草紧紧地靠在一起，最好是距离水草10cm左右，以免过大的气流将水草根部冲起，从而对水草的成活率造成影响。

## 五　安装成本

微孔管道增氧系统的安装成本，大概可分为四个档次，各养殖户要根据自己的经济状况和养殖面积来合理选择安装档次。一是用全新的罗茨鼓风机与纳米管搭配，安装成本1300~1500元/亩；二是用旧罗茨鼓风机与纳米管（包括塑料管）搭配，安装成本800~1000元/亩；三是用旧罗茨鼓风机与饮用水级PVC管搭配，安装成本500~600元/亩；四是旧罗茨鼓风机与电工用PVC管搭配，安装成本300~500元/亩。

## 六　使用方法

在河蟹池塘里布设微管的目的是增加水体的溶氧，因此增氧系统的使用方法就显得非常重要。

一般情况下，我们是根据水体溶氧变化的规律，确定开机增氧的时间和时段。4～5月，在阴雨天半夜开机增氧；6～10月的高温季节每天的开启时间应保持在6h左右，每天下午16：00时开始开机2～3h，日出前后开机2～3h，连续阴雨或低压天气，可视情况适当延长增氧时间，可在夜间21：00～22：00时开机，持续到第二天中午；养殖后期，勤开机，以促进河蟹的生长。

另外在晴天中午开1～2h，以搅动水体，增加低层溶氧量，防止有害物质的积累；在使用杀虫消毒药或生物制剂后开机，使药液充分混合于养殖水体中，而且不会因用药引起缺氧现象；在投喂饲料的2h内停止开机，保证河蟹吃食正常。

### 七　加强管理

在使用微孔增氧技术养殖河蟹时，单单有增氧效果还是不能将河蟹养大的，还需要种植水草、投喂饲料、科学防逃逸、控制水质和预防疾病等管理措施，因此在配合使用微管增氧时，其管理工作一定要加强到位，才能起到事半功倍的效果，具体的管理措施同池塘养殖河蟹是一样的，请读者朋友参阅前文（彩图5-10）。

### 八　微孔增氧养殖实际效果

采用微孔增氧技术养殖河蟹，池塘水质稳定，减小了河蟹的应激反应，河蟹的规格大而整齐、病害少、品质好、增重显著，在养殖过程中很少生病。

## 第三节　池塘混养河蟹

### 一　池塘混养的原理与原则

池塘混养是我国池塘养殖的特色，也是提高池塘水生经济动物产量的重要措施之一。混养可以合理利用饲料和水体，发挥养殖鱼、蟹类之间的互利作用，降低养殖成本，提高养殖产量。河蟹可在家鱼亲鱼池、成鱼池中以及与其他鱼类混养，利用池塘野杂鱼虾、残饵为食，一般无须专门投喂，套养池面积不限。

我国目前养殖的鱼类，从其生活空间看，可相对分为上层鱼类、

中下层鱼类和底层鱼类 3 类。上层鱼类如鲢鱼、鳙鱼，中下层鱼类如草鱼、鳊鱼、鲂鱼等，底层鱼类如青鱼、鲤鱼、鲫鱼、鲮鱼、非洲鲫鱼等。从食性上看，鲢鱼、鳙鱼吃浮游生物和有机碎屑，草鱼、鳊鱼、鲂鱼主要吃草，青鱼主要吃螺、蚬等软体动物，鲤鱼、鲫鱼（鲤也吃软体动物）能掘食底泥中的水蚯蚓、摇蚊幼虫以及有机碎屑，鲮鱼、非洲鲫鱼能吃有机碎屑及着生藻类。池塘单独养殖上述鱼类，水体中的空间和饵料生物（如小鱼、小虾等）没有被完全利用，完全可以套养河蟹这种底栖性、杂食的水生经济动物。

## 二 蟹鲌混养技术

### 1. 池塘条件

可利用原有蟹池，也可利用养鱼塘加以改造。池塘要水源充足、水质良好，水深为 1.5m 以上，水草覆盖率达 35%。

### 2. 准备工作

（1）**清整池塘**　主要是加固塘埂，利用冬闲季节，将池塘中过多的淤泥清出，干塘冻晒，同时把浅水塘改造成深水塘，使池塘能保持水深 1.8m 以上。清淤后，每亩用生石灰 75～100kg 化浆全池泼洒，将生石灰溶化后不得冷却即进行全池泼洒，以杀灭黑鱼、黄鳝及池塘内的病原体等敌害。

（2）**进水**　在蟹种或翘嘴红鲌鱼种投放前 20 天即可进水，水深达到 50～60cm。进水时可用 60目筛绢布严格过滤（图 5-15）。

（3）**种草**　投放蟹种前应移植水草，使河蟹有良好栖息环境。水草培植一般可播种苦草，移栽伊乐藻、轮叶黑藻、金鱼藻及聚草等。种植苦草，用种量每

图 5-15　进水口需要过滤

亩水面为 400～750g，从 4 月 10 日开始分批播种，每批间隔 10 天。播种期间水深控制在 30～60cm，苦草发芽及幼苗期，应投喂土豆等植物性饲料，减少河蟹对草芽的破坏。水草难以培植的塘口，可在12 月移植伊乐藻，行距 2m，株距 0.5～1m。整个养殖期间水草总量

应控制在池塘总面积的 50% ~ 70% 。水草过少要及时补充移植，过多应及时清除。

**（4）投螺** 放养螺蛳 500kg/亩。

**3. 防逃设施**

做好河蟹的防逃工作是至关重要的，具体的防逃工作和设施应和上文一样，另外在进出水口用铁丝网制成防逃栅，防止河蟹逃跑。

**4. 培育河蟹基础饵料**

在消毒、进水、药物毒性消失后，就可补充投放天然饵料，在清明前投放鲜活螺蛳，每亩 300 ~ 400kg。

**5. 放养时间**

蟹种放养工作应在 3 月 20 日之前完成。蟹种的选择应该优先考虑长江天然苗培育的蟹种，其次是种质优良的人繁苗培育的蟹种。规格大小为 70 ~ 120 只/kg，每亩可放养 400 ~ 600 只。蟹种要求体色鲜亮，无残无病，活动力强，无第二性特征。

翘嘴红鲌鱼（彩图 5-11）冬片放养时间为当年 12 月至第二年 3 月底之前。放养密度宜少不宜多，其以水中野杂鱼为主要饵料时，池塘每亩放养 15cm 规格的鲌鱼种，池塘每亩投放 200 ~ 300 尾。另外可放养 3 ~ 4cm 规格夏花 500 ~ 1000 尾，搭配放养白鲢鱼种 20 尾/亩，花鲢鱼种 40 尾/亩。

**6. 饲料投喂**

鲌鱼饵料的来源有 6 个方面，一是水域中的野杂鱼和活螺蛳；二是水域中培育的饵料鱼；三是喂蟹吃剩的野杂鱼（死鱼）；四是饲养管理过程中补充的饵料鱼。在生长后期饵料鱼不足时，应补充足量饵料鱼供鲌鱼及河蟹摄食；五是配合饵料；六是植物性饲料，以水草、玉米、蚕豆、南瓜为主。许多养殖户认为养殖河蟹不需要投喂其他的饵料，这种观念是非常错误的，实践表明，不投喂饲料的河蟹个头小、性特征明显、成熟快、市场认可度低，价格也低。

投喂量则主要根据河蟹、鲌两者体重计算，每日投喂二三次，投喂率一般掌握在 5% ~ 8% ，具体视水温、水质、天气变化等情况调整。投喂饵料时翘嘴红鲌一般只吃浮在水面上的饲料，投放进去的部分饲料因来不及被鱼吃掉而沉入水底，而河蟹则喜欢在水底吃食，这样可以起到养殖大丰收的效果。

**7. 日常管理**

**（1）水质管理** 水质管理的方法主要是培植水草、药物消毒、及时换水等。水质要保持清新，时常注入新水，使水质保持高溶氧。水位随水温的升高而逐渐增加，池塘前期水温较低时，水宜浅，水深可保持在50cm，使水温快速提高，以促进河蟹蜕壳生长。随着水温升高，水深应逐渐加深至1.5m，底部形成相对低温层。水色要清嫩，透明度在35~40cm，夏季坚持勤加水，以改善水体环境，使水质保持高溶氧。水草生长期间或缺磷的水域，应每隔10天左右施一次磷肥，每次每亩1.5kg，以促进水生动物和水草的生长。

**（2）病害防治** 对蟹、鲌病防治主要以防为主，防治结合，重视生态防病，以营造良好生态环境从而减少疾病发生。平时要定期泼洒生石灰、磷酸二氢钙以改善水质，如果发病，用药要注意兼顾河蟹、翘嘴红鲌对药物的敏感性，在整个养殖期间禁止使用敌百虫、敌杀死等杀虫药物。

**（3）做好投喂工作** 饵料投喂前期河蟹放养后，宜投喂新鲜鱼、螺肉等精饲料，辅以投喂土豆等植物性饲料，投喂量占河蟹体重的5%左右，随着河蟹的生长和水温的增高，投喂率也要相应增加，高温季节投喂以2~3h吃完为度。

**（4）加强巡塘** 一是观察水色，注意河蟹和鲌鱼的动态，检查水质、观察河蟹摄食情况和池中的饵料鱼数量。二是大风大雨过后及时检查防逃设施，如果有破损要及时修补，如果有蛙蛇等敌害要及时清除，观察残饵情况，及时调整投喂量，并详细记录养殖日记，以随时采取应对措施。

**三 蟹鳜套养技术**

**1. 清整池塘**

**（1）抽水曝晒** 利用冬季空闲时间进行清池，抽干池水，曝晒一个月（可适当冰冻）。

其次是清淤：要及时清除淤泥，这对陈年池塘尤为重要，为了方便第二年种植水草，宜留10~15cm的淤泥层。

**（2）修坡固堤** 要及时加固塘埂，维修护坡，使坡比达到1：（2.5～3）。

**（3）做好消毒工作**　每亩施干燥的生石灰75kg，并耙匀。也可用生石灰化水后进行全池泼洒。

**2. 选择品种**

**（1）鳜鱼的种类和生长性能**　目前在自然流域中生长的鳜鱼种类较多，有大眼鳜、翘嘴鳜、斑鳜、暗鳜、石鳜和波纹鳜等，最常见的是大眼鳜、翘嘴鳜。根据生产经验和实际效果来看，翘嘴鳜具有明显的生长优势，应是第一优先品种，因此在选购种苗时一定要分清，以免误购而导致亏本（彩图5-12）。

**（2）大眼鳜和翘嘴鳜的区别**　大眼鳜和翘嘴鳜两者的主要区别是在于眼的大小不同，大眼鳜眼大，占头长的1/4左右，很明显，因此许多渔民又称之为睁眼鳜；而翘嘴鳜的眼较小，仅占头部的1/6不到，因此渔民为了区别就称之为细眼鳜。从其他方面也能区别，例如大眼鳜背部较平，身体相对较修长，体形似鲤鱼的形状；而翘嘴鳜的背部隆起，显得体较高而显侧扁，身体呈菱形，有点像团头鲂。

**3. 鳜鱼的饵料要充足**

**（1）鳜鱼饵料的准备**　在投放鳜鱼苗种前，必须保证有充足的适口饵料鱼供应，可一次投足或分批投喂。如果饵料大小不适口、数量不充足，不但会影响鳜鱼的生存、生长、发育，而且会导致同类相残，弱肉强食。可人为地在池塘中投放鲜活的饵料鱼，时间是在4月初，此时水草基本上成活并恢复生长态势。每亩要选择性腺发育良好无病无伤的二冬龄鲤鲫鱼（雌雄性比控制在2：1为宜）5kg。在下塘时，用10mg/L的高锰酸钾溶液浸洗5min或5%的食盐水溶液浸洗30s，在水草茂盛区入池。待5月中旬前后，性腺发育良好的鲤鲫鱼会自然繁殖，为鳜鱼提供大量的鲜活饵料鱼。另一方面也可在每月或每半月根据鳜鱼的实际生长情况和池塘的储备量来定期定量地补充饵料鱼。

**（2）集中诱饵**　在自然条件下，鳜鱼通常利用体表的颜色和花纹，隐藏于水草或瓦砾缝隙之间，等被捕对象游近时再突然袭击。根据这一特点，可以在池塘边角上堆放一些树枝杂草或砖石瓦块，

供鳜鱼栖息，同时常向这些区域投放有诱惑力的饵料，如菜饼等，以利于将饵料鱼和其他的野杂鱼引诱集中在一起，便于鳜鱼捕食。

### 4. 河蟹的饵料

**（1）水草的准备** 在每年的3月初即可进行人工水草的储备，保持池塘的水深在30~40cm，把伊乐藻或聚草分段后进行扦插，扦插时不能太疏也不宜太密，一般行距为1m，株距为1.5m。

**（2）移植活的田螺** 为了满足河蟹对动物性饵料的需求，在4月中旬，每亩投放鲜活的田螺250~300kg。

### 5. 鱼种投放

鳜鱼种投放的规格力求在10cm以上，每亩套作20尾，这样的大规格鱼种，经过一冬龄的养殖，即可达到400g左右的商品规格，保证当年投放，当年受益。苗种规格越大，成活率越高，生长越快，经济效益越好，但是规格大，投资和风险相应增大，所以适宜的规格以10cm为宜。要求苗种体质健壮无病、无伤、无害，活动能力强。投放密度应根据饵料鱼的多寡以及养殖模式而决定。套养投放时，应以稀放为原则，以期当年受益。而且必须一次投足，规格大小应一致，以免发生"大吃小"的残食现象。

> ➡ **【提示】** 在苗种下塘时，先将苗种袋放入池中浸泡10min进行苗种试水试温，直到池、袋的水温一致后，加入5%的食盐水浸泡5min，然后将鱼苗缓缓倾入水草茂盛区。

### 6. 蟹种的暂养与放养

蟹种全部选用上年培育的扣蟹，规格平均为80~100只/kg，要求规格整齐，附肢健全，无病、无伤、无害，活动能力强，应激反应快，亩放400只左右。4月中旬入池，在进入大池前，先暂养在池塘进水口一侧，面积占池塘的1/10。加强人工投喂，到5月中旬，当池塘的水草覆盖率超过30%时，撤去暂养围网，使扣蟹进入大塘区域饲养。

### 7. 养殖模式多样化

鳜鱼单养不如套养，密养不如稀养，精养不如粗养。其中以稀放套养效果最佳，尤其是那些天然饵料丰富，河蟹和鳜鱼活动空间大的池塘，生长最快。

8. 水质管理

鳜鱼和河蟹都喜欢清新的水质，对低溶氧的忍耐力较差，而且丰富的溶氧不但有助于河蟹的肥满，也有助于鳜鱼的生长，所以蟹鳜套作的池塘施肥不能太多太勤。因此我们在日常管理中应重点加强水质的人为调控。

**（1）加注新水增溶氧** 平均每 5 ~ 7 天注水一次，注水量为 20cm，每半月换水 1/3，高温季节每天先在排水口排水，再注入等量的新鲜水，保持每天水位改变幅度在 10cm 左右。在盛夏高温季节，加大换水力度，每 3 天换冲水 1 次，同时要加足水位（图 5-16）。

**（2）调节水中的酸碱度** 在水深 1m 的情况下，每亩用 20kg 的生石灰化水后，趁热全池泼洒，调节水体 pH 在 7.2 ~ 8.0，时间每 15 天 1 次。

**（3）生物制剂调节** 每月施用一次高效的生物制剂进行调节，如 EM 原露（有效微生物群）和活性硝化细菌，可提高水体的有效活性微生物，有效地保证了水质的优化。

图 5-16　河蟹混养池的换冲水

**（4）开动增氧机** 每天坚持早晚巡塘，查看水边鱼、虾、蟹活动情况，如果水质过肥，青虾和小河蟹在池边游动不安，要及时换冲水，或开动增氧机，因为鳜鱼对溶氧十分敏感，一旦发生泛塘现象，池内套养的鳜鱼几乎会全部死光。

9. 饲料投喂

鳜鱼的投喂主要是适时适量适口，满足鳜鱼对饵料鱼的需求。它的饵料源在前面已经表述过。另外可根据饵料鱼的供应情况，适当补充一些活的饵料鱼，方法是一次性投足。每 7 天为一投喂期，根据检测的生长速度数据、摄食状况、水温升降、饵料鱼的适口程度等，适当增减饵料鱼的投喂量。

根据河蟹的生长规律和生长特点，可以采取"中间粗、前后精，移螺植草"相结合的投喂方式。初期以小鱼和颗粒饵料为主，中期以投喂水草、南瓜、小麦、玉米和轧碎的田螺为主，后期则弱化颗粒饵料的投喂，增加鱼虾和田螺的投喂，以增加河蟹的肥满度。

**10. 疾病预防**

"无病先防，有病早治"的原则对鳜鱼和河蟹尤为重要，一方面要不断改善生态环境，促进鳜鱼生长发育，增强自身对疾病的抵抗力，同时在运输、投喂、消毒等方面要严格把关，尽量杜绝外来病原菌的侵入和人为的损伤。治病时，施药的种类及浓度要慎重，因为鳜鱼对敌百虫、甲胺磷等药物特别敏感，很小的浓度就会使其致死。

另外河蟹对高浓度的硫酸亚铜溶液也有不良反应，因此尽量不施用有毒的化学药品，主要采取生态防治为主。一是严防菌种的引进关；二是抓好苗种的检疫关；三是加强对苗种的消毒关；四是抓好水质的调节关；五是抓好饵料的质量关。

**11. 捕捞**

由于鳜鱼有"趴窝"的习性，因此网捕效果不佳。捕捞时采取多种方法同时进行，首先是用地笼捕河蟹，可以捕获90%左右的河蟹（也会捕捞少量的鳜鱼）；其次是经过降水冲水刺激后，再用地笼捕，基本上能捕捞所有的河蟹；再次就是用网捕，可以捕去大部分的其他经济鱼类和野生鱼类；最后就是干塘一次性捕获鳜鱼，也可在干塘前用丝网进行捕捞，也能捕捞40%左右的鳜鱼。

## 四 罗非鱼套养河蟹

罗非鱼为一种中小型鱼，现在它是世界水产业重点科研培养的淡水养殖鱼类，且被誉为未来动物性蛋白质的主要来源之一。罗非鱼和河蟹一样，可以存活于湖泊、江河、池塘中，它有很强的适应能力，且对溶氧较少的水体有极强的适应性。

**1. 混养原理**

这种养殖模式主要是根据罗非鱼繁殖力强、性成熟早、静止水体内能自然繁殖，孵出的鱼苗能为河蟹提供活饵料，又因罗非鱼与河蟹食性和生活习性不同等上述特点而设计。罗非鱼不耐低温，当水温低于15℃时，罗非鱼处于休眠状态。在我国长江流域一带，养殖期只有半年时间，池塘空闲达5个月之多，而河蟹在罗非鱼不宜生长时却仍能摄食生长，从而提高水体利用率和养殖效益（彩图5-13）。

**2. 池塘条件**

池塘要选择在避风向阳、水源充足、水质清新、水质良好无污染、安静且交通便利的地方，池塘面积3～5亩，水深为1.5m以上，池塘底泥厚度为20～30cm。每口池塘配备1台1.5kW的叶轮式增氧机。

**3. 清塘施肥**

在鱼种和蟹种放养前，利用冬闲时节清塘消毒，每亩用生石灰75～100kg清塘，7天后加水至1m深，然后每亩施腐熟的粪肥300～400kg，可放入少量的绿萍或红萍。

**4. 罗非鱼放养时间**

每年春季当水温回升，稳定在15℃以上时（约在5月中旬），开始放养冬片鱼种。一般每亩放养鱼种1500～3000尾，同时混养鲢、鳙鱼种各40～70尾，以控制水质。

**5. 河蟹放养模式及数量**

河蟹的放养时间和一般养殖模式的放养时间是一致的。蟹种全部选用上年培育的扣蟹，规格平均为80～100只/kg，要求规格整齐，附肢健全，无病、无伤、无害，活动能力强，应激反应快，亩放200只左右。鱼种和蟹种下池前用5%的食盐水或0.1mg/L的高锰酸钾溶液浸洗鱼体或蟹体10～15min。

**6. 饵料投喂**

罗非鱼进入养殖水面后2～3天便可开始投喂。饲料中的蛋白质含量开始应为32%～35%，每天投喂量为鱼体总重量的3%～5%。一个月后投喂量可调至鱼体总重的2%，并保证饲料中的蛋白质含量在27%～29%。每天投喂2次，时间分别在上午8：00～9：00和下午15：00～16：00。河蟹不需要另外再投饵料，这是因为河蟹既可以自行摄食水体中的水草、藻类，也可以摄食罗非鱼吃剩下的饲料，还可以捕食个体较小、速度不快的体弱的罗非鱼。

**7. 日常管理**

1）每天早、中、晚测量水温、气温，每周测 1 次 pH，测 2 次透明度。清晨、夜晚各巡塘 1 次。

2）鱼种下塘后，要保持池水呈茶褐色，透明度为 25 ~ 30cm。一般每周施肥 1 次，每次每亩施畜粪肥 150 ~ 200kg。在天气晴朗、水体透明度大于 30cm 时可适当增加施肥量；水质过肥时，应减少或停止施肥，并注入新水。在高温季节，一般每周换水一两次，每次换去池水的 20% ~ 30%。

3）坚持健康养殖，按规程操作，预防鱼病。每隔 10 ~ 15 天，每亩用 15 ~ 20kg 的生石灰化水全池泼洒，调节池水 pH 呈微碱性，用生物制剂改善池塘微生物结构，改良水质。当溶氧低、鱼有轻度浮头时开增氧机。

**8. 养殖优点**

河蟹套养成活率高，生长快，可有效控制罗非鱼大量繁衍，从而达到减轻池塘养殖密度和增产增收之目的。

### 五 河蟹和青虾套养

蟹池套养适宜鱼虾，不仅可以增收增效，还可以改善蟹池生态环境，促进河蟹生长。

**1. 池塘要求**

河蟹和青虾套养的池塘，面积以 10 亩左右，水深 1.2m 左右为宜。

**2. 清池**

清池前将水排至仅剩 10 ~ 20cm。可用生石灰、茶籽饼、鱼滕精或漂白粉进行消毒，将它们化水后均匀洒于池面、洞穴中。

**3. 做好防逃设施**

池塘四周要有两道坚固的防逃设施，第一道用铁丝网及聚乙烯网围住，第二道安装塑料薄膜。

**4. 培养饵料生物**

为解决河蟹和青虾的部分生物饵料，促其快速生长，清池后进水 50cm，施肥繁殖饵料生物。无机肥按氮磷 3∶1 或 3∶2 投放，在 1 个月内每隔 5 天施 1 次，具体视水色情况而定，有机肥每亩施鸡粪

35 ~ 50kg。使池水呈黄绿色或浅褐色，透明度以 30 ~ 50cm 为宜。

**5. 投放水草**

配备良好的池塘生态环境，大量种植水草，品种应多种多样，如伊乐藻、苦草、黄草等，使水草覆盖率占养殖水面的 2/3 以上，有一些养殖户投放水花生，效果也很好，他们在蟹池一角放养一定数量的水花生，占池塘面积的 5% ~ 10%。放养水花生有以下好处：①水花生可供河蟹栖居蜕壳；②可供河蟹摄食；③如果池塘缺氧或用药物全池泼洒，河蟹均可爬在水花生上，以挽救生命。

**6. 苗种投放**

建立蟹种培育基地，走自育自养之路，选购长江水系河蟹繁育的大眼幼体，培养 2 龄幼蟹。自己培育的蟹种，成蟹养殖回捕率可达 75% 以上，比外购种可高出 30%。3 月放养河蟹，规格为 100 ~ 120 只/kg，同时亩套养 800 ~ 1200 只/kg 青虾苗 3 ~ 4kg，5 ~ 6 月陆续起捕上市，可亩产青虾 10kg（彩图 5-14）。

**7. 饵料投喂**

河蟹套养青虾时，以投喂河蟹的饵料为主，使用高品质的河蟹专用颗粒饲料，采用"四看、四定"，确定投喂量，生长旺季投喂量可占河蟹体重的 5% ~ 8%，其他季节投喂量为 3% ~ 5%，每天的投喂量要根据当天水温和前一天的摄食情况酌情增减，定点投喂在岸边和浅水区，投喂时间定在每天傍晚时分。

➤ **【提示】** 由于青虾摄食能力比河蟹弱，因此以吃河蟹剩余饵料为主，可清扫残饵，一方面防止败坏水质，另一方面可有效地利用饵料，不需要另外单独投喂饵料。当然了，套养的青虾本身还是可以作为河蟹饵料的。

**8. 饲养管理**

1）防止缺氧，河蟹对池水缺氧十分敏感，因此在高温季节，每隔一周左右应注水 1 次，使水质保持"肥、活、爽"。

2）做好水质控制和调节，春季水位 0.6 ~ 0.8m，夏秋季 1.0 ~ 1.5m，春季每月换水一次，夏秋季每周换水一次，每次换水 2/5，换水温差不超过 3℃。每半个月每亩用生石灰 10kg 调节水质，以增

加水中钙离子，满足河蟹蜕壳需要。

3）做好疾病防治工作，在养殖期间从 6 月开始每月用 0.3mg/L 强氯精全池泼洒 1 次。

## 六 河蟹与南美白对虾混养

在池塘中将河蟹与南美白对虾混养，是利用南美白对虾能在淡水中养殖的特点，采取科学的技术措施，达到增产增效的目的（彩图 5-15）。

**1. 池塘选择**

一般选择可养鱼的池塘或利用低产农田四周挖沟筑堤改造而成的提水养殖池塘，面积不限，要求水源充足，水质条件良好，池底平坦，底质以沙石或硬质土底为好，无渗漏，进排水方便，虾池的进、排水总渠应分开，进、排水口应用双层密网罩住以防逃，同时也能有效地防止蛙卵、野杂鱼卵及幼体进入池塘危害蜕壳的虾蟹。为便于拉网操作，池塘面积一般以 20 亩左右为宜，水深 1.5～1.8m，要求环境安静，水陆交通便利，水源水量充足，水质清新无污染。

**2. 配套设施**

**（1）防逃设施** 和南美白对虾相比，河蟹的逃逸能力比较强，因此在进行河蟹混养殖南美白对虾时，必须考虑到河蟹的逃跑因素。防逃设施有多种，常用的有两种，具体的使用方法见前文。

**（2）隐蔽设施** 无论对于南美白对虾还是河蟹来说，在池塘中设有足够的隐蔽物，对于它们的栖息、隐蔽、蜕壳等都有好处，因此可以设置竹筒、瓦片、网片、砖块、石块、竹排、塑料筒、人工洞穴等隐蔽物体供其栖息穴居，一般每亩要设置 500 个左右的人工巢穴。

**（3）其他设施** 用塑料薄膜围拦池塘面积的 5% 左右作为南美白对虾和幼蟹暂养池，同时根据池塘大小配备抽水泵、增氧机等机械设备。

**3. 池塘准备**

**（1）池塘清整、消毒** 池塘要做好平整池底，清整塘埂的工作，使池底和池壁良好的保水性能，尽可能减少池水的渗漏。对旧塘进行清除淤泥、晒塘和消毒工作，5 月初抽干池水，清除淤泥，每亩用生石灰 100kg、茶籽饼 50kg 溶化和浸泡后分别全池泼洒，可有效杀灭池中的敌害生物如鲶鱼、泥鳅、乌鳢、蛇、鼠等，争食的野杂鱼类及一些致病菌。

**（2）种植水草**　经过滤注水后，虾蟹混养池就要移栽水草，这是对南美白对虾和河蟹生长发育都有好处的一种技术措施。水草的种植方法见第六章。

### 4. 放养螺蛳

螺蛳是河蟹很重要的动物性饵料，在放养蟹种前必须放足鲜活的螺蛳，一般是在清明前每亩放养鲜活螺蛳 200～300kg，以后根据需要逐步添加。投放螺蛳一方面可以改善池塘底质、净化底质，另一方面可以为南美白对虾和河蟹补充部分动物性饵料，还有一点就是螺蛳肉被吃完后留下的壳可以为水体提供一定量的钙质，能促进南美白对虾和河蟹的蜕壳。

### 5. 苗种投放

石灰水消毒待 7～10 天水质正常后即可放苗。

**（1）南美白对虾苗种的放养**　南美白对虾以 5 月上中旬放养为宜，选购经过检疫的无病毒健康虾苗，规格 2cm 左右，将虾苗放在含量为 20mg/L 的福尔马林液中浸浴 2～3min 后放入大塘饲养。每亩放养量以 1 万～1.5 万尾为宜。同一池塘放养的虾苗规格要一致，一次放足。

**（2）河蟹苗种的放养**　蟹种的质量要求：一是体表光洁亮丽、甲壳完整、肢体完整健全、无伤无病、体质健壮、生命力强、同一来源；二是规格整齐，扣蟹规格在 80 只/kg 左右。

1）蟹种的来源：最好是采用养殖场土池自育的长江水系中华绒螯蟹的 1 龄扣蟹。

2）放养密度：放养密度为 200～300 只/亩。

3）放养时间：以 3 月底以前放养结束为宜。

4）操作技巧：放养时先用池水浸 2min 后提出片刻，再浸 2min 提出，重复三次，再用 3%～4% 的食盐水溶液浸泡消毒 3～5min，杀灭寄生虫和致病菌，然后放到混养池里。

**（3）混养的鱼类**　在进行南美白对虾和河蟹混养时，可适当混

养一些鲢鳙鱼等中上层滤食性鱼类，以改善水质，充分利用饵料资源，而且这些混养鱼也可作塘内缺氧的指示鱼类。鱼种规格 15cm 左右，每亩放养鲢、鳙鱼种 50 尾。

**6. 饲料投喂**

当南美白对虾和河蟹进入大塘后可投喂专用南美白对虾、成蟹饲料，也可投喂自配饲料，如果是自配饲料，这里介绍一个饲料配方：鱼粉或鱼干粉或血粉 17%、豆饼 38%、麸皮 30%、次粉 10%、骨粉或贝壳粉 3%，另外添加 1‰专用多种维生素和 2% 左右的黏合剂。按南美白对虾、河蟹存塘重量的 3%～5% 掌握日投喂量，每天上午 7：00～8：00 投喂日总量的 1/3，剩下的在下午 15：00～16：00 投喂，后期加喂一些轧碎的鲜活螺、蚬肉和切碎的南瓜、土豆，作为虾、蟹的补充料。平时混养的鲢、鳙鱼不需要单独投喂饵料。

**7. 加强管理**

1）强化水质管理。整个养殖期间始终保持水质"肥、爽、活、嫩"的要求，在南美白对虾放养前期要注重培肥水质，适量施用一些基肥，培育小型浮游动物供南美白对虾摄食。每 15～20 天换 1 次水，每次换水 1/3。高温季节及时加水或换水，使池水透明度达 30～35cm。每 20 天泼洒一次生石灰水，每次每亩用生石灰 10kg。

2）养殖期间要坚持每天早晚巡塘 1 次，检查水质、溶氧、虾蟹吃食和活动情况，经常清除敌害。

3）加强蜕壳虾蟹的管理。通过投喂、换水等技术措施，促进河蟹和南美白对虾群体集中蜕壳。平时在虾、蟹饲料中添加一些蜕壳素、中草药等，起到防病和促进蜕壳的作用。在大批虾蟹蜕壳时严禁干扰，蜕壳后及时添加优质饲料，严防因饲料不足而引发虾蟹之间的相互残杀。

**8. 捕捞**

经过 120 天左右的饲养，南美白对虾长至 12cm 时即可收获，采用抄网、地笼、虾拖网等工具捕大留小，水温 18℃ 以下时放水干池捕虾。成蟹采取晚上在池埂上徒手捕捉和地笼张捕相结合的方式，捕获的蟹及时清洗，暂养待售。

## 七 河蟹套养沙塘鳢

沙塘鳢，俗称"虎头鲨"，栖息于湖沼、河溪的底层及泥沙、碎石、水草、杂草相混杂的岸边浅水处，主要摄食虾类、小鱼和底栖动物，生活在淡水的种类也食水生昆虫。沙塘鳢个体虽小，但其含肉量高，肉质细嫩可口，为长江中、下游及南方诸省群众所喜爱，特别是经熏烤后烹食，别具风味，列为上品，特别是在上海世界博览会期间被列为招待外宾首选，被称为世界博览会第一菜（彩图5-16）。

在自然水域中，沙塘鳢生长速度较慢，上市规格小，在一定程度上影响了市场发展。随着市场需求的不断扩大，沙塘鳢价格逐年上升。同时，沙塘鳢疾病少，饲料来源广，饲养管理简单，养殖效益好，所以发展沙塘鳢人工养殖的前景十分广阔。河蟹养殖池塘套养沙塘鳢是一种新的养殖模式，充分利用了沙塘鳢能与河蟹共存、互补的特点，在蟹池中套养沙塘鳢能够明显减少池塘野杂鱼引起的浑水现象发生，消除残饵对水体的影响，提高经济效益，同时对河蟹的品质、产量和规格的提高也有一定的促进作用。另外混养还具有生产成本低、投资少、饲料投喂少的优势，河蟹吃水草，沙塘鳢食小虾小杂鱼，花白鲢喝肥水，资源得到了充分利用，是一种生态养殖模式，提高了河蟹养殖效益，也为河蟹养殖模式开辟了一条新的路子。

### 1. 池塘条件

混养池塘宜选择水源充足、水质清新无污染的池塘。面积5~8亩，池塘水深1.5m，常年保持水位0.8~1.2m，池塘护坡完整，坡比1∶2.5，南北朝向，最好是长方形，土质为沙壤土，淤泥较少，注排水系统完善，能进能排，排灌分开，并配备微孔管道增氧设施一套。

### 2. 防逃设施

另外池塘要有拦鱼设施及防逃设施，以防敌害侵入或鱼蟹逃走。防逃设施可以采用有机纱窗和硬质塑料薄膜共同防逃，用高50cm的有机纱窗围在池埂四周，将长度为1.5~1.8m的木桩或毛竹，沿池埂将桩打入土中50~60cm，桩间距3m左右，然后在网上部距顶端

10cm处再缝上一条宽25cm的硬质塑料薄膜即可。

### 3. 清塘

在蟹种和鱼种放养前，要彻底清塘消毒。抽干池水，拔除池边和池底的杂草，清除过多淤泥，使淤泥保持10～15cm，巩固堤埂，曝晒池底。放种苗前10天每亩用生石灰100～150kg或漂白粉25kg兑水化浆后全池泼洒，以彻底消毒、除野、灭病原菌和敌害生物，并曝晒15～20天，使底泥中的有机物充分氧化还原，达到清除有害病原菌的目的。

### 4. 种草

清塘消毒1周后用60目筛网过滤注水20～30cm，种植复合型水草，即浅坡处种伊乐藻，池边种水葫芦，在池中心用轮叶黑藻和苦草（面积3亩左右）相间轮植，并加设围栏设施，待水草的覆盖率达到60%～70%时拆除。高温季节在较深的环沟处用绳索固定水花生带，以利沙塘鳢栖息、隐蔽和捕捉食物，还可改善水质。

### 5. 施肥

3～4月，水草移植结束后，鱼苗下塘前4～5天施肥培肥水质，亩用经发酵消毒的有机肥100kg或生物有机肥100kg，半月后亩追施氮、磷肥50kg（视水质情况而定），既可促进水草生长，抑制青苔的发生，又可培育池塘中的浮游生物。

### 6. 营造环境

沙塘鳢喜生活于池塘的底层，游泳能力较弱。因此，营造生态环境很重要，一般以10亩塘开四个天窗为好，也就是将池塘的草以2m×2m成方形割除，形如一个天窗，再用人工将沙袋（粗沙）投入塘底，然后解开沙袋将粗沙铺开，供沙塘鳢栖息。也可在池底铺瓦筒、瓦片、大口径竹筒、报废大轮胎或灰色塑料管等作为栖息隐蔽物。同时可以采用水泵进行循环抽水，人为创造河蟹养殖池塘水循环，增加池塘底部氧气。

### 7. 苗种放养

**（1）蟹种的投放**　3月10日前，在围栏外的河蟹暂养区，亩放规格为120只/kg左右的自育蟹种800～900只。

**（2）沙塘鳢的投放**　目前在生产上，沙塘鳢的投放可以分为两种情况，各地可视具体情况而定，一种是直接放养沙塘鳢苗种，要求无病无伤、体质健壮、规格整齐、活力强，每亩放平均体长为3cm的鱼苗800尾或4cm的鱼苗500尾；另一种方式就是放养沙塘鳢亲鱼，让它们自行繁殖来扩大种群，方法是在围栏内的水草保护区，每亩投放体型匀称、体质健壮、鳞片完整、无病无伤的沙塘鳢亲本10组（雌雄比为1:3），雄性亲本规格在80g/只，雌性亲本规格在70g/只。

> **➡【提示】** 在水草保护区内放置两条两端开口的地笼，作为人工鱼巢，有利沙塘鳢受精卵附着孵化，待4月底繁育期结束后取出地笼。

**（3）青虾的放养** 有条件的还可以在池塘中适量放养一些青虾，在鱼苗放养之前15～20天投放抱卵虾，使其恰好在放养沙塘鳢苗时有幼虾供其摄食，另外还可以增加池塘养殖效益。

**（4）其他配养鱼的放养** 3月中旬，每亩可放规格为200g/尾的鲢鱼50尾、100g/尾的鳙鱼10尾调节水质。

**（5）放养的注意事项** 放养时间宜选择在晴天早晨或阴雨天进行，蟹种和虾苗下池前要连同运输箱一起用池水浸泡、提起静放，反复三四次，待虾蟹的体表及鳃丝充分吸水，排出鳃腔内的空气后，多点投放，防止集中放养造成堆集死亡。放养时把虾蟹散放在离岸很近的浅水中，让其自行爬走。

虾蟹苗种和鱼种放养时必须先进行消毒，可用30g/L的食盐水浸浴5min或15～20mg/L的高锰酸钾浸浴15～20min，浸浴时间应视鱼的忍耐程度灵活掌握。投放时要小心地从池边不离水面放鱼入池，对于活力弱、死伤残的鱼种应及时捞起。

**8. 水草管护**

水草的管护是养殖管理过程中的一项重要工作，也是蟹池套养沙塘鳢技术的关键。草丛是沙塘鳢、蟹、虾生活生长的主要场所，因河蟹喜食伊乐藻、苦草、轮叶黑藻、黄丝草的根，故应采用增加饵料投喂量的方法予以保护，对遭到河蟹破坏的苦草应及时捞出，防止其腐烂败坏水质。伊乐藻、轮叶黑藻高温季节生长较快，极易

出现生长过密、封塘的现象，故应在高温季节来临时（5月25日左右），运用割茬的方法，即用拖刀将伊乐藻、轮叶黑藻的上半段割除，也可用带齿的钢丝绳将伊乐藻、轮叶黑藻的上半段锯除，使其沉在水下20cm左右。以增加水体的光照量，促进水草的光合作用。

### 9. 饵料投喂

前期采取施肥的方法，培育水体中的轮虫、枝角类、桡足类等浮游动物，为沙塘鳢夏花和虾蟹苗种提供适口饵料。沙塘鳢摄食需先进行驯化，在池塘四周浅水区设置的饲料台上投放小鱼、小虾和水丝蚓等，以吸引沙塘鳢集中取食，然后逐渐将鱼糜和颗粒饲料掺在一起投喂，驯食开始几天，每天定时、定点投喂6次左右，以后每天逐渐减少投喂次数，最后减至每天2次，经过10～15天驯食即可正常投喂。饲料投喂要适量，以鱼吃饱为准，防止剩余饲料污染水质。

中期饵料以河蟹、沙塘鳢均喜食的小杂鱼和颗粒饲料为主，并适当搭配南瓜、蚕豆、小麦和玉米等青饲料，以满足河蟹、沙塘鳢生长各阶段的摄食需求，有条件时，投喂河塘里捕捉的小鱼虾。投喂时间在上午9：00和下午16：00，投喂方式为沿池边浅滩定点投喂，投喂量以存塘沙塘鳢、虾蟹体重的3%～6%计算，并视天气、沙塘鳢和虾蟹的活动情况灵活掌握。另外投放的抱卵青虾使其自繁，也可以不断地为沙塘鳢的生长提供适口饵料。

饲养后期用配合饲料投喂，蛋白质含量28%～32%，每天投喂2次，一般上午10：00，下午17：00左右投喂，上午投喂量占30%，下午占70%，以2h吃完为宜，投喂饵料遵循"四定"和"四看"原则，并在池中设置食台，日投喂量要根据水温、天气变化、生长情况和鱼的摄食情况及时调整投喂量。

### 10. 水质调控

在河蟹池塘里套养沙塘鳢时，要求养殖过程中池水透明度控制在35cm左右，池水不要过肥，溶解氧在5mg/L以上，pH7.5左右。

**（1）用生物方式来调节水质** 滤食性的螺蛳不仅是河蟹的优质鲜活饵料，而且它能净化池塘水质，提高水体透明度。因此，在做好水草管护工作的同时，每亩投放螺蛳500kg，以较好地稳定水质。

（2）**通过定期换注水来调控水质** 苗种放养初期，水深控制在 0.4～0.5m；随着气温的不断升高，不断地换注水，并调高水位，一般 7～10 天注水 1 次，每次 10～20cm，到 5～7 月时，保证水深 0.5～1m，8～10 月的高温期池塘水位保持在 1.2m 左右，并搭棚遮阳或加大池水深度，做好防暑降温工作。

（3）**用生物制剂来调控水质** 为维持池塘良好水质，5～9 月，每月每亩用 1 次底质改良剂 2kg 或亩用 EM 菌原露 500mL，兑水全池泼洒，并交替使用，这是通过用一些微生物制剂来调节水体藻相的方式，用量、时间视水质情况可作适当调整。泼洒时及时开启微孔管道增氧设施，使池水保持肥、活、嫩、爽。

**11. 病虫害防治**

病虫害防治工作以河蟹为主，全年采取"防、控、消、保"措施。

（1）**"防"** 坚持以防为主，把健康养殖技术措施落实到每个生产环节。重点把握清塘彻底，定期加水、换水，定期消毒，定期应用微生物制剂，开启微孔管增氧，使池水经常保持肥、沃、嫩、爽，营造良好的蟹、鱼、虾生态环境。5 月上旬亩用纤虫净 200g 泼洒消毒 1 次，同时让河蟹内服 2% 的中草药和 1% 的痢菌净制成的药饵，连喂 3～5 天。

（2）**"控"** 梅雨期结束后，是纤毛虫等寄生虫的繁殖高峰期，要采取必要的防治措施，每月用纤虫净泼洒杀虫 1 次（150～200g/亩），亩用 1% 的碘药剂 200mL 兑水泼洒全池，泼洒时要注意池塘增氧，并让河蟹内服 2% 的中草药和 1% 的硫酸新霉素制成的药饵，连喂 5～7 天。

（3）**"消"** 就是在养殖过程中，定期用生石灰、漂白粉、强氯精或其他消毒剂对水体进行消毒，以杀灭水体中的病原体；同时定期测定 pH，溶氧、氨氮、亚硝酸盐含量等，一旦发现水质异常，立即采取措施防止带来不必要损失。

（4）**"保"** 水体消毒用药按药物的休药期规定执行，保证河蟹健康上市。

**12. 日常管理**

1）做好塘口记录，每天早晨、中午和傍晚各巡塘 1 次，观察池塘水质变化，水草的生长以及池塘中蟹、鱼的摄食情况、生长情况和活动情况，遇到异常情况及时处理。

2）在养殖期间及时清理饲料残渣，以保持池水的清新。及时排除进、出水口的污物，保持池塘水流畅通，暴雨后注意增氧和排水，同时注意检查池塘的防逃设施是否完好，防止河蟹和沙塘鳢外逃。

3）疾病防治坚持"以防为主，防重于治"的方针。定期对水体和饵料台进行消毒，在高温季节投喂大蒜素和三黄粉等配制的药饵。

4）在收获季节到来时还需做好防盗工作。

13. 捕捞上市

11月下旬，根据市场行情用自制的地笼适时捕捞河蟹、青虾与鲢鳙鱼上市。沙塘鳢为低温鱼类，在冬季仍能保持正常生长，因此考虑到延长养殖时间、增大商品规格、提高产量及品质等方面，可待到春节后捕捞上市。

【捕捞方法】可用抄网或网兜在水草下抄截，再用捕拖网在水底拖，最后干塘捕捉。挑选性腺发育成熟、体表正常、无鳞片脱落的沙塘鳢作为亲体，为第二年保种，其余可暂养，适时销售。

【提示】 这里有一点非常重要，希望能引起广大养殖户的关注，就是在池塘中养殖时，河蟹捕食不到沙塘鳢，但是当用地笼套捕河蟹时，钻入地笼的沙塘鳢会被河蟹残杀、摄食。因此，我们在进行河蟹捕捞时需用自制的带9股12号有节网笼梢的地笼，以利于钻入地笼的沙塘鳢逃脱，避免损失。

## 八 河蟹与黄颡鱼混养

1. 池塘准备

一般情况下，适合养蟹的池塘都可以套养黄颡鱼。池塘面积10~30亩，坡比为1:（2.5~3），保水性好，不渗漏，池底平整，以沙底或泥沙底为好。水深1~1.5m，水源充足，水质清新无污染，排灌方便。蟹种放养前1个月要做好清塘整修工作，加高加固池埂，彻底曝晒池底，每亩用生石灰150~200kg消毒，把好疾病预防第一关。

## 2. 防逃设施

另外池塘要有拦鱼设施及防逃设施，以防敌害侵入或鱼蟹逃走。防逃设施可以采用有机纱窗和硬质塑料薄膜共同防逃，用高 50cm 的有机纱窗围在池埂四周，将长度为 1.5～1.8m 的木桩或毛竹，沿池埂将桩打入土中 50～60cm，桩间距 3m 左右，然后在网上部距顶端 10cm 处再缝上一条宽 25cm 的硬质塑料薄膜即可。

## 3. 种植水草

池塘清整完毕后，进水 20～30cm，进水口设置 60 目的筛绢网，防止野杂鱼进入。待水温逐步回升后种植水草，品种主要有轮叶黑藻、伊乐藻、苦草等沉水植物。轮叶黑藻、伊乐藻采取切茎分段扦插的方法，每亩栽草量 10～15kg，行距 1～1.5m，栽插于深水处；苦草用种子播种，将种子与泥土拌匀，在浅水处撒播或条播，每亩用量 100g 左右。全池水草覆盖率在 50%～60%。

## 4. 设置暂养区

在池中用内侧有防逃膜的网围——圆形或方形的区域，面积占全池 1/5 左右，作为河蟹苗种暂养区，一方面有利于蟹种集中强化培育，另一方面可保证前期水草生长。

## 5. 放养螺蛳

清明节前后，每亩投放螺蛳 200～250kg，让其自然生长繁殖，为河蟹提供动物性饲料。8 月再补投一次螺蛳，每亩投放量 100kg 左右。

## 6. 蟹种放养

3 月，选择体质好、肢体健全、无病无伤的长江水系优质蟹种，规格为 100～200 只/kg，每亩水面放 400～600 只。

## 7. 黄颡鱼放养

4 月底到 5 月初，可以向蟹池里放养黄颡鱼。黄颡鱼的套养密度因池塘底层野杂鱼类的多寡而定，一般放养情况如下：放养 V 期幼蟹的池塘最好套养 2cm 以上的夏花 500～600 尾/亩；放养规格为 100～200 只/kg 的扣蟹池塘最好套养 100 尾/kg 的黄颡鱼 200～300 尾/亩。套养密度太高、规格太大易争食，影响河蟹成活率及产品规格；套养密度太低、规格太小，影响黄颡鱼成活率，起不到增

收目的（彩图5-17）。

**8. 饲料投喂**

黄颡鱼主要担负清野作用，一般密度合理，不单独投喂。在做好水草、螺蛳等基础饲料培养的基础上，河蟹人工投喂饲料按照"两头精、中间青、荤素搭配、青精结合"的原则和"四定四看"的方法进行，河蟹性成熟前投喂"宜晚不宜早"，性成熟后"宜早不宜晚"。因为在河蟹性成熟前，过早投喂，饲料易被野杂鱼争食，而在河蟹性成熟后，过晚投喂，则河蟹活动量加大，影响正常摄食。整个饲养过程中饲料安排各有侧重：前期特别是蟹种在暂养阶段，必须加强营养，增加动物性饲料，以全价颗粒料、小杂鱼为主；中期以植物性精料为主；后期为河蟹最后一次蜕壳和增重育肥阶段，以动物性饲料和全价颗粒料为主，以提高河蟹规格和产量。

**9. 水质管理**

在养殖过程中，要做好水质调控工作，创造良好生态环境以满足河蟹、黄颡鱼生长需要。

由于黄颡鱼易缺氧，尤其要注意水质管理。每5～7天注水1次，高温季节每天注水10～20cm，特别是在河蟹蜕壳期，要勤注水，以促进河蟹正常蜕壳生长，使水质保持"新、活、嫩、爽"，正常透明度保持在35cm左右。

每8～10亩配置1台增氧机，在高温季节的晴天中午和黎明前勤开增氧机，保持良好水质和充足的溶氧，确保河蟹及套养品种的正常生长。

**10. 病害防治**

病害防治遵循"预防为主、防治结合"的原则，坚持生态调节与科学用药相结合，积极采取清塘消毒、种植水草、自育蟹种、科学投喂、调节水质等技术措施，预防和控制疾病的发生。注重微生态制剂的应用，每7～10天用光合细菌、EM原露等生物制剂全池泼洒1次，并全年用生物制剂溶水喷洒颗粒饲料投喂。

4～5月，用药物杀纤毛虫1次；在梅雨季节结束后，高温来临之前，进行一次水体消毒和内服药饵；夏季，一般每隔20天左右用生石灰或消毒剂如二氧化氯等化水全池泼洒1次调控水质；在9月中下旬，补杀一次纤毛虫，并进行水体消毒和内服药饵。

> ⚠️ **【注意】** 黄颡鱼为无鳞鱼类，河蟹为甲壳类，它们对不同药物的敏感性存在差异，用药一定要慎重，剂量要准确。用药最好在技术员指导下使用。新药最好在小面积试用后，再大面积使用，确保生产安全。

**11. 日常管理**

日常管理以河蟹为主，坚持早、中、晚 3 次巡塘，结合投喂饲料查看河蟹及套养品种的生长、病害、敌害情况，检查水源是否污染，维护防逃设施，及时捞除残渣剩料。

## 第四节　稻田养蟹

稻田养蟹是综合利用水稻、河蟹的生态特点达到稻蟹共生、相互利用，从而达到稻蟹双丰收目的的一种高效立体生态农业，是动植物生产有机结合的典范，是农村种植、养殖立体开发的有效途径，其经济效益是单作水稻的 3～5 倍。

### 一　稻田养殖河蟹的原理

在稻田里养殖河蟹，是利用稻田的浅水环境，辅以人为措施，以提高稻田单位面积效益的一种生产形式。

稻田养殖河蟹共生原理的内涵就是以废补缺、互利助生、化害为利，在稻田养蟹实践中，人们称为"稻田养蟹，蟹养稻"。稻田是一个人为控制的生态系统，稻田养了蟹，可促进稻田生态系统中能量和物质的良性循环，使其生态系统又有了新的变化。稻田中的杂草、虫子、稻脚叶、底栖生物和浮游生物对水稻来说不但是废物，而且都是争肥的，如果在稻田里放养河蟹，不仅可以利用这些生物作为河蟹的饵料，促进蟹的生长，消除了争肥对象，而且蟹的粪便还为水稻提供了优质肥料。另外，河蟹在田间栖息，游动觅食，疏松了土壤，破碎了土表"着生藻类"和氮化层的封固，有效地改善了土壤通气条件，又加速了肥料的分解，促进了稻谷生长，从而达到稻蟹双丰收的目的。同时河蟹在水稻田中还有除草保肥和灭虫增肥作用。

## 二 稻田养殖河蟹的方式

### 1. 稻蟹兼作型

就是边种稻边养蟹，稻蟹两不误，力争双丰收，在兼作中有单季稻养蟹和双季稻养蟹的区别，单季稻养蟹，顾名思义就是在一季稻田中养河蟹，这种养殖模式主要在辽宁、江苏、四川、贵州、浙江和安徽等地利用，单季稻主要是中稻田，也有用早稻田养殖河蟹的。在这些地方，有许多低洼田或冷浸田一年只种植一季中稻，9月稻谷收割后，田地一直要空闲到第二年的6月初再栽种中稻。在冬闲季节和早春季节利用这些田养殖河蟹，其经济效益是非常可观的（图5-17）。

双季稻养河蟹，顾名思义就是在同一稻田连种两季水稻，河蟹也在这两季稻田中连养，无须转养，双季稻就是用早稻和晚稻连种，这样可以有效利用一早一晚的光合作用，促进稻谷成熟，广东、广西、湖南、湖北等地利用双季稻养河蟹的较多。

图 5-17　稻田养蟹

### 2. 稻蟹轮作型

也就是种一季水稻，然后接着养一茬河蟹的模式，做到动植物双方轮流种植、养殖。稻田种早稻时不养河蟹，在早稻收割后立即加高田埂养河蟹而不种稻。这种模式的优点是利用本地光照时间长的优点，当早稻收割后，可以加深水位，人为形成一个深浅适宜的"稻田型池塘"，经济效益非常好。

## 三 田间沟的开挖

### 1. 稻田的选择

养蟹稻田必须选择灌排水畅通、水质清新、地势平坦、保水保肥性能好、无污染的田块，土质以黄黏土为好，面积以 8 ~ 10 亩为宜。

## 2. 水源要得到保证

水源是稻田养殖河蟹的物质基础，要选择水源充足、水质良好、无污染的地方，要求雨季水多不漫田、旱季水少不干涸、排灌方便、无有毒污水流入。进行稻田养蟹，一般选在沿湖沿河两岸的低洼地、滩涂地或沿库下游的宜渔稻田。

## 3. 开挖蟹沟

这是稻田养蟹的重要技术措施，稻田因水位较浅，夏季高温对河蟹的影响较大，因此必须在稻田四周开挖环形沟，面积较大的稻田，还应开挖"田"字形或"川"字形或"井"字形的田间沟。环形沟距田间 1.5m 左右，环形沟上口宽 3m，下口宽 0.8m；田间沟沟宽 1.5m，深 0.5 ~ 0.8m（图 5-18）。蟹沟可防止水田干涸，并作为烤稻田、施追肥、喷农药时河蟹的退避处，也是夏季高温时河蟹栖息、隐蔽、遮阴的场所，沟的总面积占稻田面积的 8% ~ 15%（图 5-19）。

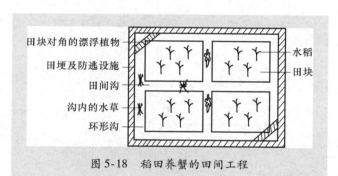

图 5-18 稻田养蟹的田间工程

## 4. 加高加固田埂

抓好田块整理关，是河蟹高产高效的基本条件，为了保证养蟹稻田达到一定的水位，增加河蟹活动的立体空间，须加高加固田埂，可将开挖环形沟的泥土垒在田埂上并夯实，要求做到不裂、不漏、不垮，确保田埂高

图 5-19 稻田养蟹的田间沟

1.0~1.2m、宽1.2~1.5m。

### 5. 防逃设施

防逃设施有多种，常用的有两种，一是安插高55cm的硬质钙塑板作为防逃板，埋入田埂泥土中约15cm，每隔75~100cm处用一木桩固定。注意四角应做成弧形，防止河蟹以叠罗汉的方式或沿夹角攀爬外逃。第二种防逃设施是采用网片和硬质塑料薄膜共同防逃，在易涝的低洼稻田主要以这种方式防逃，用高1.2~1.5m的密网围在稻田四周，在网上内面距顶端10cm处再缝上一条宽25~30cm的硬质塑料薄膜即可。

稻田开设的进排水口应用双层密网罩住以防逃，同时也能有效地防止蛙卵、野杂鱼卵及幼体进入稻田危害蜕壳蟹；同时为了防止夏天雨季冲毁堤埂，稻田应开施一个溢水口，溢水口也用双层密网过滤，防止幼蟹乘机逃走（图5-20）。

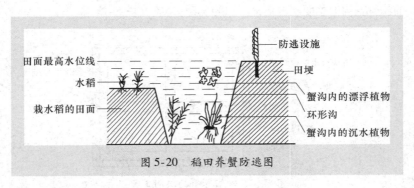

图5-20　稻田养蟹防逃图

### 6. 放养前的准备工作

及时杀灭敌害，可用鱼藤酮、茶粕、生石灰、漂白粉等药物杀灭蛙卵、克氏原螯虾、鳝、鳅及其他水生敌害和寄生虫等；种植水草，营造适宜的生存环境，在环形沟及田间沟种植沉水植物如聚草、苦草、喜旱莲子草（水花生）等（图5-21），并在水面上移养

图5-21　将苦草栽入田间沟或秧苗的间空处

漂浮水生植物如芜萍、紫背浮萍、水浮莲等；培肥水体，调节水质，为了保证河蟹有充足的活饵供取食，可在放种苗前一个星期施有机肥，常用的有干鸡粪、猪粪，并及时调节水质，确保养蟹水质肥、活、嫩、爽、清。

### 四 水稻栽培

稻田养鱼后，稻田的生态条件由原来单一的植物生长群体变成了动、植物共生的复合体。因此，水稻栽培技术也应随着改进。

**1. 水稻品种选择**

由于各地自然条件不一，稻田养蟹的水稻的品种也各有特色。但是养蟹稻田一般只种一季稻，水稻品种应选择生长期较长，分蘖力强，叶片开张角度小且茎、秆粗硬，抗病虫害、抗倒伏且耐肥性强，耐淹，株型紧凑的紧穗型品种，目前常用的品种有威优64、威优35、汕优63、汕优6、南优6、武育粳系列、协优系列等杂交水稻或高产大穗常规稻。

**2. 施足基肥**

每亩施用农家肥200~300kg，尿素10~15kg，均匀撒在田面并用机器翻耕耙匀。

**3. 秧苗移植**

秧苗一般在5月中旬开始移植，养蟹稻田宜提早10天左右。在栽种时具体要掌握以下几条要点。

1）秧苗类型以长龄壮秧，多蘖大苗栽培为主。这样做的目的是在秧苗移栽后，可减少无效分蘖，提高分蘖成穗率，并可减少和缩短烤田次数和时间，改善田间小气候，减轻病虫害，从而达到稻、蟹双丰收。

2）秧苗采用壮个体、小群体的栽培方法。即在整个水稻生长发育的全过程中，个体要壮，以提高分蘖成穗率，群体要适中。这样可避免水稻总茎蘖数过多，叶面系数过大，封行过早，光照不足，田中温度过高，病害过多，易倒伏等不利因素。

3）栽插方式以宽行窄距长方形东西行密植为宜，确保河蟹生活环境通风透气性能好。这种条栽方式，稻丛行间透光好，光照强，日照时数多，湿度低，病虫害轻，能有效改善田间小气候。既为河蟹创造了良好的栖息与活动场所，也为水稻提供了优良的生长环境，有利于提高成穗率和千粒重。早稻株行间距以 23.3cm × 8.3cm 或 23.3cm × 10cm 为佳。晚稻如常规稻株行间距为 20cm × 13.3cm，杂交稻株行间距为 20cm × 16.5cm。水稻栽插密度应根据水稻品种、苗情、地力、茬口等具体条件而定。例如，杂交稻中苗栽插，通常为 2.0 万穴左右，8 万～10 万株基本苗；杂交稻大苗栽插，密度为 2.5 万～3 万穴，15 万～17 万株基本苗；常规稻采用多蘖大苗栽插，密度为 3 万穴左右，18 万基本苗。地力肥、栽插早的稻田，密度还可以适当稀一些。稻田养蟹开挖的鱼溜、鱼沟要占一定的栽插面积，为保证基本苗数，可采用行距不变，以适当缩小株距、增加穴数的方法来解决；并可在鱼沟靠外侧的田埂四周增穴、增株，栽插成篱笆状，以充分发挥和利用边际优势，增加稻谷产量（图 5-22）。

图 5-22　水稻栽培

4）稻田以施有机肥料为主，化肥为辅。要重施基肥、轻施追肥，提倡化肥基施，追肥深施和根外追肥。

## 五　稻田养殖成蟹

### 1. 扣蟹的鉴别与放养

目前市场上蟹种种质资源十分紊乱，其中以长江蟹种稳定性能好、生长速度快、成活率及回捕率高，因此选择蟹种时要选择长江水系的扣蟹。至于扣蟹质量优劣，具体的鉴别方法请见前文。

扣蟹的放养时间以 2 月中旬至 3 月上旬为主，此时温度低，河蟹活动能力及新陈代谢强度低，有利于提高运输成活率。每亩稻田宜放养规格为 120 ~ 200 只/kg 的蟹种 400 ~ 600 只。

> ➡ **【提示】** 由于扣蟹放养与水稻移植有一定的时间差，因此暂养蟹种是必要的。目前常用的暂养方法有网箱暂养及田头土池暂养，由于网箱暂养时间不宜过长，否则会折断附肢且互相残杀现象严重，因此建议在田头开辟土池暂养，具体方法是蟹种放养前半个月，在稻田田头开挖一条面积占稻田面积 2% ~ 5% 的土池，用于暂养扣蟹。

**2. 蟹种移养**

待秧苗移植 1 周且禾苗成活返青后，可将暂养池与土池挖通，并用微流水刺激，促进扣蟹进入大田生长，通常称为稻田二级养蟹法。利用此种方法可以有效地提高河蟹成活率，也能促进河蟹适应新的生态环境。

**3. 投喂管理**

稻田养成蟹，一般以人工投喂为主，饵料种类较多，有天然饵料如稻田中的野草、昆虫；人工投喂饵料如野杂鱼虾；配合颗粒饲料及投喂的浮萍、水草等。日投喂量应保持在 5% ~ 7% 之间，饵料主要投喂在环形沟边。

**4. 捕捞**

稻田养蟹的捕捞时间以 10 ~ 12 月为宜，可采用夜晚岸边

图 5-23　刚起捕的成蟹

捉捕法、灯光诱捕法、地笼张捕法，最后放干田水挖捕（图 5-23）。

**六　管理措施**

**1. 水位调节**

水位调节，是稻田养蟹过程中的重要一环，应以稻为主，前期水位宜浅，保持在 10cm 左右；后期宜深，保持在 20 ~ 25cm。在水稻有效分蘖期采取浅灌，保证水稻的正常生长；进入水稻无效分蘖期，

水深可调节到 20cm，既增加河蟹的活动空间，又促进水稻的增产，夏季每隔 3~5 天换冲水 1 次，每次换水量为田间水量的 1/4~1/3。

**2. 施肥**

养蟹稻田一般以施基肥和腐熟的农家肥为主，可促进水稻稳定生长，保持中期不脱力，后期不早衰，群体易控制，每亩施农家肥 300kg，尿素 20kg，过磷酸钙 20~25kg，硫酸钾 5kg。放蟹后一般不施追肥，以免降低田中水体溶解氧，影响河蟹特别是蟹种的正常生长。如果发现脱肥，可少量追施尿素，每亩不超过 5kg。施肥的方法是：先排浅田水，让蟹集中到蟹沟中再施肥，此法有助于肥料迅速沉积于底泥中并为田泥和禾苗吸收，随即加深田水到正常深度；也可采取少量多次、分片撒肥或根外施肥的方法。

**3. 施药**

稻田养蟹特别是成蟹养殖能有效地抑制杂草生长；河蟹摄食昆虫，降低病虫害，所以要尽量减少除草剂及农药的施用。在插秧前用高效、低毒农药封闭除草，蟹种入池后，若再发生草荒，可人工拔除。如果确因稻田病害或蟹病严重需要用药时，应掌握以下几个关键点：①科学诊断，对症下药；②选择高效低毒低残留农药；③由于河蟹是甲壳类动物，也是无血动物，对含磷药物、菊酯类、拟菊酯类药物特别敏感，因此慎用敌百虫、甲胺磷等药物，禁用敌杀死等药；④喷洒农药时，一般应加深田水，降低药物浓度，减少药害，也可放干田水再用药，待 8h 后立即上水至正常水位；⑤粉剂药物应在早晨露水未干时喷施，水剂和乳剂药应在下午喷洒；⑥降水速度要缓，等河蟹爬进蟹沟后再施药；⑦可采取分片分批的用药方法，即先施稻田一半，过两天再施另一半，同时尽量要避免农药直接落入水中，以保证河蟹的安全。

**4. 晒田**

水稻生长过程中必须晒田，以促进水稻根系的生长发育，控制无效分蘖，防止倒伏，夺取高产。农谚对水稻用水进行了科学的总结，那就是"浅水栽秧、深水活棵、薄水分蘖、脱水晒田、复水长粗、厚水抽穗、湿润灌浆、干干湿湿。"因此有经验的老农常常会采用晒田的方法来抑制无效分蘖，这时的水位很浅，这对养殖河蟹是非常不利的，因此要做好稻田的水位调控工作是非常有必要的，生产实践中我们总结了一条经验，那就是"平时水沿堤，晒田水位低，沟溜起作用，晒田不伤蟹"。解决河蟹与水稻晒田矛盾的措施是：缓慢降低水位至田面以下5cm处，轻烤快晒，2~3天后即可恢复正常水位。

**5. 病害**

河蟹的病害采取"预防为主"的科学防病措施。常见的敌害有水蛇、老鼠、黄鳝、泥鳅、克氏原螯虾、水鸟等，应及时采取有效措施驱逐或诱灭之；在放养蟹种初期，稻株茎叶不茂，田间水面空隙较大，此时幼蟹个体也较小，活动能力较弱，逃避敌害的能力较差，容易被敌害侵袭，同时，河蟹每隔一段时间需要蜕壳生长，在蜕壳或刚蜕壳时，最容易成为敌害的适口饵料。蟹病主要有抖抖病、蜕壳不遂、黑鳃、烂鳃、腹水、肠炎等，预防措施主要有：勤换水，保持水质清新；多种水草，模拟天然环境；科学投喂，增强体质等。一旦发病治疗时，要对症下药，科学用药，及时用药。

**6. 收获**

稻谷收获一般采取收谷留桩的办法，然后将水位提高至40~50cm，并适当施肥，促进稻桩返青，为河蟹提供避阴场所及天然饵料来源，成蟹收获宜在11月前后，蟹种收获在春节前后进行。

## 第五节　湖泊网围养蟹

### 一　湖泊的选择

在湖泊中养殖河蟹，是我国河蟹养殖业的重要方法之一，最初采取的是湖泊人工放流，后来慢慢转变为湖泊半精养，直到现在的湖泊精养。在湖泊中进行网围养蟹时，对湖泊的类型有要求，一是要草型湖泊，二是要浅水型湖泊。对那些又深又阔或者过水性湖泊，则不宜养殖河蟹。

这是因为一些过水性湖泊，在枯水季节，水位高程不足5m；在夏季大水季节，水位高程可达7m左右。这种大起大落的水位不利于养殖业的发展，尤其是围拦网养蟹受冲击最大；浅水时，养蟹面积

较小、水质易变坏；大水时，要么冲毁拦网，要么河蟹长时间浸泡在深水中溺死。

草型湖泊网围养河蟹是由网围养鱼发展而来的，这种形式与畜牧业上圈养形式相似，目前在长江中下游地区的草型湖泊中发展十分迅速。

## 二 网围地点的选择

湖泊网围养蟹应具备以下几个条件。

1）环境比较安静的湖湾地区，水位相对稳定，水域开阔，水质良好，湖底平坦、风浪较小、水流缓慢通畅。

2）湖岸线较长，坡底较平缓，水深适宜，常年水位 1～1.5m，水位落差小。

3）湖底平坦，底质为黏土、硬泥，淤泥有机质少。

4）要求周围水草和螺蚬等天然饵料资源丰富，敌害生物少，网围区内水草的覆盖率在 50% 以上，并选择一部分茭草、蒲草地段作为河蟹的隐蔽场所。

5）不影响周围农田灌溉、蓄水、排洪、船只航行，避免在河流的进出水口和水运交通频繁地段选点，环境宜安静，交通便利。

> ⚠ 【注意】 水草的覆盖率不要超过 70%，生产实践证明，水浅草多尤其是蒿草、芦苇、蒲草等挺水植物过密，水流不畅的湖湾岸滩浅水区，夏秋季节水草大量腐烂，水质变臭（渔民称酱油水、蒿黄水），分解出大量的硫化氢、氨、甲烷等有毒物质和气体，有机耗氧量增加，造成局部缺氧，引起养殖鱼类、河蟹的大批死亡，这样的地方不宜养殖河蟹。

## 三 网围设施

网围设施由拦网、石笼、竹桩、防逃网等组成。拦网用网目 2cm，3×3 聚乙烯网片制作，用毛竹作桩。网高 2m，装有上下纲绳，上纲固定在竹桩上，下纲连接直径 12～15cm 的石笼，石笼内装小石子，每米 5kg，踩入泥中。竹桩的毛竹长度要求在 3m 以上，围绕圈定的网围区，每隔 2～3m 插一根竹桩，要垂直向下插入泥中 0.8m，作为拦网的支柱。防逃网连接在拦网的上纲，在靠近池塘的一侧向下自然垂下，并与拦网的下侧成45°夹角，并用纲绳向内拉紧撑起，以防止河蟹攀网外逃。为了检查河蟹是否外逃，可以在网围区的外侧下一圈地笼。一般网围面积为30～100亩，最大不超过1000亩。

网围区的形状以圆形、椭圆形、圆角长方形为最好，因为这几种形状抗风能力较强，有利于水体交换，以减少河蟹在拐角处挖坑打洞和水草等漂浮物的堆积。每一个网围区的面积以10～50亩为宜。

### 四　除野

乌鱼、鲶鱼、蛇等是河蟹的天敌，必须严格加以清除。因此，在下拦网前一定要用各种捕捞工具，密集驱赶野杂鱼类。最好还要用石灰水、巴豆等清塘药物进行泼洒，然后放网并把底纲的石笼踩实。

### 五　种植水草，保护水草资源

湖泊和网围内水草的多少不仅直接影响河蟹的数量、规格和品质，而且关系到网围养蟹能否走上可持续发展的关键措施。渔谚有："蟹大小、看水草，蟹多少、看水草"这是十分形象化的比喻。为保护湖泊的水草资源，一方面务必保护好围网外的水草，做到合理开发利用；另一方面，必须在网围内种植水草。

### 六　蟹种放养

网围养蟹的形式多种多样，基本上是以鱼蟹混养为主。蟹种以3月水温在10℃左右时放养最好。此时气温低，运输成活率高，放养规格为80～120只/kg的越冬蟹种。通常每平方米水面放养2～2.5只蟹种。网围养蟹一般都采用鱼蟹混养。鱼种放养仍按常规进行，但放养结构上应减少一部分草食性鱼类，增放一部分鲫鱼和鲢、鳙鱼，以缓解鱼蟹的食饵竞争。

### 七　饲养管理

#### 1. 合理投喂

在湖泊网围养蟹的范围内，水草和螺蚬资源相当丰富，可以满足河蟹摄食和栖居的需要。经过调查发现，在水草种群比较丰富的

第五章　河蟹高效养殖技术

131

条件下，河蟹摄食水草有明显的选择性，爱吃沉水植物中的伊乐藻、菹草、轮叶黑藻、金鱼藻，不吃聚草，苦草也仅吃根部。因此，要及时补充一些河蟹爱吃的水草。

在蟹、鱼生长季节，应坚持每天投喂，白天喂鱼，夜间喂蟹。并应养殖一部分螺蚬和抱卵虾，让其在网围内自然繁殖，为河蟹提供动物性饵料。投喂应坚持"四定"投喂原则。饵料搭配在3~5月以植物性饵料为主，6~8月以动物性饵料为主，如小杂鱼、螺蚬类、蚌肉等，9月为促肥长膘期，应加大动物性饵料的投喂量。

**2. 定期检查**

在日常管理中，每日早晚各巡网1次。检查网围是否坚固，网围区防逃设施是否完好，如果有损坏的应及时维修，确保安全。并要定期检查河蟹的摄食、蜕壳、生长情况，及时清除腐烂变质的残饵和网片中的污物。7~8月是洪涝汛期和台风多发季节，要加固竹桩，备好防逃网片，随时清除网片上的水草等污物，保持网片内外水流通畅，严防鱼蟹逃逸。

**3. 水草管理**

要把漂浮到拦网附近的水草及时捞掉，以利水体交换。如果发现网围区内水草过密，则要用刀割去一部分水草，形成3~5m的通道，每个通道的间距20~30m，以利水体交换。为了改善网围区内的水质条件，在高温季节，每半个月左右用生石灰水泼洒1次，每亩水面用生石灰20kg左右。

**4. 病害预防**

网围养殖，由于水体是流动的，其生态环境条件较好，在养殖中病害较少。只需在放养时注意不要让蟹体受伤，严格消毒就够了。

**5. 适时捕捞**

湖泊网围养蟹，由于环境条件优越，其生长比池塘养得快，性成熟也比池塘养得早，因此其生殖洄游开始也早。在长江中下游，一般9月中旬全部变成绿蟹。因此，通常在9月下旬开始捕捞。捕捞工具主要有蟹簖、人工蟹穴、地笼网、丝网等。捕出后的成蟹应放入暂养池暂养1~2个月后，再行销售。

## 第六节　河沟养殖河蟹

河沟这种水体在我国许多地方都大量存在，由于种种原因，一些水沟可能在较长的时间内都被闲置着，如果对这些河沟进行适当的开发，用来养殖河蟹，只要管理得当，就会有较好的收益。

### 一　河沟养蟹的类型

我们见到的河沟有两种类型，一种是非常大而且非常深的河沟，如珠江、长江、瓯江等河流就是这种类型，对于这一种范围非常宽大，对特定地区的水资源调控有着非常重要的意义，这些水体是不可能承包给个人从事河蟹养殖的，一般是由国家或地方出面进行投资，它的主要方式是以投放蟹苗为主，有增殖资源的含义在里面，这种方式当然不是本文所要讨论的范畴。

另一种就是在一些小型河沟里进行养蟹，这种河流的流域较小，面积也较小，一般是在几十亩至几百亩之间，由于这些河沟都是地方属性的，可以承包给个人发展水产养殖，因此适合个人承包或几个人联合承包，共同发展河蟹养殖，这种河沟的养殖特点是以放养大规格的扣蟹为主，可采用鱼蟹混养的方式进行，与中小型湖泊养蟹的方式很近似，这是本书所介绍的且易于掌握的养蟹方式。

### 二　防逃设施

在一些水草丰富的小型湖泊中，只要条件适宜，就是在没有防逃设施的情况下，河蟹的外逃现象也非常少，这种情况在河沟中也是一样的，许多地方的生产实践已经表明，只要在适宜的环境中，比如河沟的水位稳定、水草丰盛、螺蚬丰富等条件下，河蟹一般是很少逃跑的，因此在环境条件非常好时，就可以不另外设置防逃设施了。但是在河沟养殖时，由于受外界因素的影响比较大，难免会遇到一些特殊情况，例如河沟里水草非常少、水流较大导致水位不稳定而且水质浑浊、透明度低、放养不合理如放养量大且混养的鱼类多等情况时，河蟹的逃跑现象就非常严重，成蟹的回捕率也非常

低，这时就需要适当增设防逃设施（图5-24）。

在河沟里设置防逃设施时，一般有两种方式，各地可根据具体情况和成本核算采取最有效最合算的方式进行。第一种是参考池塘养殖，要么修建砖砌防逃墙，要么用硬质塑料板建成防逃墙；还有一种就是参考湖泊养蟹用的围网，在最适宜养殖的区域内用拦网、石笼、竹桩、防逃网等组成一个网拦

图5-24　河沟养蟹

区域，这个网围区的形状以圆形、椭圆形、圆角长方形为最好，因为这几种形状的围网抗风能力较强，有利于水体交换，可减少河蟹在拐角处挖坑打洞和水草等漂浮物的堆积。在区域里进行河蟹的养殖，而在其他地区放养鱼种。这种防逃设置要求在拦网的顶部缝制防逃网，并用纲绳向内拉紧撑起，与拦网的下侧成45°夹角，以防止河蟹攀网外逃。

### 三　扣蟹投放

首先在蟹种投放前要进行河沟的清野，可考虑用电捕工具将需要养殖的区域的野杂鱼如黄鳝、青鱼、鲇鱼、乌鳢等有害的野杂鱼清除。

在河沟里养蟹时，提倡的是投放大规格的扣蟹，这是因为河蟹的苗种大，它对外界环境的适应能力强，防御敌害的能力也强，更关键的是在秋季河蟹生理性逃跑之前，可以大量起捕上市，从而获得极高的利润。

在河沟内养殖河蟹时，扣蟹的投放量要根据河沟的面积、水质条件、水草资源、投资大小以及蟹种来源的难易度而灵活掌握。由于河沟是一种自然资源，一旦水体的资源被彻底破坏后，它的自我恢复能力是很弱的，因此在投放扣蟹时，一定要考虑河蟹对河沟野生资源的合理利用程度。最显著的例子就是河蟹主要是以底栖生物如螺和水草为食的，尤其是对水草的根系破坏性极大，如果投放密

度过高，加上饵料跟不上的话，将有可能对水体的资源造成毁灭性的打击，因此适宜的放养密度应以既能充分利用河沟资源，又不影响河沟资源再生为原则。

鉴于此，加上从调查的情况来看，建议在河沟中养殖河蟹时的放养规格为 60～80 只/kg，放养量为每亩 1kg，放养时间以 3 月中旬放养结束为宜。投放的蟹种要求甲壳完整、肢体齐全、无病无伤、活力强、规格整齐、同一来源，并剔除"小老蟹"。放养时先用河沟里的水浸 2min 后提出片刻，再浸 2min 提出，重复 3 次，再用 3%～4% 的食盐水溶液浸泡消毒 3～5min。

### 四 鱼种的配养

为了提高养殖的综合效益，可以在河沟里投放一定数量的鲢、鳙鱼种，每亩放养数量 50 尾，规格为 10cm 左右。

在进行鱼种配养时，一定要注意限制鲤鱼和鲫鱼等底层鱼类的数量，这是因为河蟹生活在水体的底层，它在栖息、蜕壳时可能受到它们的侵扰；禁止放养青鱼、鳜鱼、鲇鱼和乌鳢等底层肉食性鱼类，因为这些鱼类不但会和河蟹争夺食物，而且还会直接吞食河蟹，造成养殖的损失；可适当投放一些鲂鱼和鳊鱼，因为这类鱼虽然也是食草性的，但是所食的部位与河蟹有差异，河蟹喜欢摄食水草的根部和下部茎叶，而上部水草就会漂浮在水面，时间久了会死亡腐烂，而这些漂上来的水草可以被鲂鱼和鳊鱼有效地食用。只是在放养时间上要有所推迟，鲢、鳙鱼可以在冬季放养，而鲂、鳊则应在 5 月水草长到一定程度时再放养。

### 五 水草的栽培

"蟹多少，看水草"，水草是河蟹隐蔽、栖息、蜕壳生长的理想场所，水草也能净化水质，减低水体的肥度，对提高水体透明度、促使水环境清新有重要作用。同时，在养殖过程中，有可能发生投喂饲料不足的情况，水草也可作为河蟹的部分饲料。

因此在一些水草较少的河沟里，还要人工栽培一些水草，最方便的还是水花生，但是使用效果比水花生好的还是伊乐藻、轮叶黑藻等，这些水草可以为河蟹的蜕壳及蜕壳蟹创造有利条件。

> **【提示】** 可以沿河沟两岸的浅水处种植水草,既可供河蟹摄食,同时也为蟹提供了隐蔽、栖息的理想场所,也是河蟹蜕壳的良好地方,对于那些空间较大的河沟水域,可用草框把水花生、空心菜、水浮莲等固定在水中央。

## 六 投放螺蛳

螺蛳是河蟹很重要的动物性饵料,由于一般的河沟里都有丰富的螺蛳,因此在放养前要对河沟里的螺蛳资源作个调查,如果资源比较丰富,基本上能满足河蟹的生长,那就不再需要人工投放了,如果河沟里的螺蛳资源比较少,并不能满足河蟹的生长发育所需,这时就需要在放养前人工投放适当的螺蛳了,一般是在清明前每亩放养鲜活螺蛳100kg就可以了。投放螺蛳一方面可以改善池塘底质、净化底质,另一方面可以补充动物性饵料,所以这两点至关重要。

## 七 加强管理

在河沟里养殖河蟹时,管理工作一定要到位,通常应做好以下的管理工作。

1)合理分区养殖,如果河沟的区域较大,两岸过长,可以考虑将河沟的两端用网箔分隔拦截,也可以打坝分隔,这样就会方便管理,同时对生产效益也有明显的提高。

2)投放蟹种后,要做好河沟的巡视工作,禁止鸭子等家禽进入河沟内。

3)在生产季节,要做到"三不",即不施肥、不捕鱼、不打捞水草。

4)做好饵料补充工作,一般来说,在河沟里养殖河蟹是不需要投喂饵料的,河沟里的水草和螺蛳以及其他底栖生物的资源基本上就能满足河蟹的生长发育需求了。但是在养殖面积较小、水草资源极度缺少时,可以投喂一些人工饲料予以补充,如投喂一些小鱼、小虾、玉米、大麦、小麦、稻谷等。

5)做好五防工作,即夏季防台风、防汛期、平时防病害、关键季节防逃跑、防人为破坏和偷盗。

## 八 捕捞

在河沟里养殖河蟹时，当河蟹养殖成熟后就要及时捕捞，千万不能和池塘养殖河蟹一样，可以将河蟹囤养到春节前后出售，尤其是对那些没有防逃设施的河沟来说，更要注意这一点。因为捕捞太晚的话，会造成河蟹的生理性逃跑。

合适的捕捞时间一般是在每年的9月中旬至10月中旬，捕捞的工具有蟹簖、刺网、地笼等，也可在出水口处设张网捕捞。由于从河沟捕捞上来的河蟹会有相当一部分并不完全肥满，加上这个季节的河蟹口感不好，售价不高，因此建议捕捞上来的河蟹可以暂养一两个月后再出售。

## 第七节 河蟹生态立体混养技术

### 一 河蟹和水生经济植物的混养原理

我国华东、华南、西南的莲藕田、茭白田、慈姑田星罗棋布，这些田块大多靠近湖泊、河道、沟渠，有的就是鱼塘改造而来的，其水源充足，土质大多为黏壤土，有机质丰富、水质肥沃，水生植物、饵料生物丰盛，水较一般稻田深，溶氧高，适合河蟹的生长。根据试验表明，河蟹与莲藕、芡实、竹叶菜、马蹄、慈姑、水芹、茭白、菱角等水生经济植物进行科学混养，可以充分利用池塘中的水体、空间、肥力、溶氧、光照、热能和生物资源等自然条件，将种植业与养殖业结合在一起，达到经济植物与河蟹双丰收的目的。混养是将种植业与养殖业相结合、立体开发利用的又一种好形式，但要注意防范河蟹对莲藕、芡实苗芽的损害。

### 二 莲藕与河蟹立体养殖

#### 1. 混养优点

莲藕性喜向阳温暖环境，喜肥、喜水，15～30℃的适宜温度也能促进莲藕的生长，在池塘中种植莲藕可以改良池塘底质和水质，为河蟹提供良好的生态环境，有利于河蟹健康生长。另外莲藕本身需肥量大，增施有机肥可减轻藕身附着的红褐色锈斑，同时可使水

体产生大量浮游生物。

河蟹是杂食性的，一方面它能够捕食水中的浮游生物和害虫，另一方面也需要人工喂食大量饵料，它排泄出的粪便大大提高了池塘的肥力，在蟹藕之间形成了互利关系，因而蟹藕混养可以提高莲藕产量的25%以上。

**2. 藕塘的准备**

莲藕池养河蟹，池塘要求光照好，水深适宜，水源充足，水质良好，水的 pH6.5～8.5，溶氧不低于4mg/L，没有工业废水污染，注排水方便，土层较厚，保水保肥性强，洪水不淹没，干旱时不缺水。面积3～5亩，平均水深 1.2m，东西向为好（图5-25）。

图5-25　藕池

藕池在施肥后要整平，淤泥在10天以后泥质变硬时就可以开挖围沟、蟹坑，目的是在高温、藕池浅灌、追肥时为河蟹提供藏身之地及投喂和观察其吃食、活动情况。围沟挖成"田"字形或"目"字形，沟宽50～60cm，深30～40cm，在围沟交叉处或藕田四周适当挖几个蟹坑，坑深0.8～1m，开挖沟、坑所取出的泥土用来加高夯实池埂。

**3. 防逃设施**

防逃设施较简单，可用宽度为70cm的做防逃设施，其中薄膜埋入土中20cm，土上露出50cm即可。

**4. 施肥**

种藕前15～20天，每亩撒施发酵鸡粪等有机肥800～1000kg，耕翻耙平，然后每亩用80～100kg生石灰消毒。排藕后分两次追肥，第一次在莲藕生出6～7片荷叶正进入旺盛生长期时，第二次于结藕开始时，称为施催藕肥。一般第一次追肥多在排藕后25天左右，有1～2片立叶时亩施人粪尿1000～1500g。第二次追肥多在栽藕后40～50天，芒种前后有2～3片立叶，并开始分枝时亩施人粪尿1500～

2000kg，如果两次追肥后生长仍不旺盛，半月后即在夏至前再追肥1次，夏至后停止追肥。

> **【提示】** 施肥应选晴朗无风的天气，不可在烈日的中午进行，每次施肥前应放浅田水，让肥料吸入土中，然后再灌至原来的深度。追肥后泼浇清水冲洗荷叶，如果肥不足，可追硫酸铵每亩15kg（图5-26）。

图5-26　对藕塘施肥

#### 5. 选择优良种藕

种藕应选择优良品种，如慢藕、湖藕、鄂莲二号、鄂莲四号、海南洲、武莲二号、莲香一号等。种藕一般是在临近栽植时才挖起，需要选择具有本品种的特性，最好是有3～4节以上，子藕、孙藕齐全的全藕，要求种藕粗壮、芽旺，无病虫害，无损伤。

#### 6. 排藕技术

莲藕下塘时宜采取随挖、随选、随栽的方法，也可实行催芽后栽植。排藕时，行距2～3m，穴距1.5～2m，每穴排藕或子藕2枝，每亩需种藕60～150kg。

栽植时分平栽和斜栽两种方式。深度以种藕不漂浮和不动摇为度。藕头入土的深度10～12cm。斜插时，把藕节翘起20°～30°，以利吸收阳光，提高地温，提早发芽；要确保荷叶覆盖面积约占全池的50%，不可过密。

高效养蟹

### 7. 藕池水位调节

莲藕适宜的生长温度是 21 ~ 25℃。因此，藕池的管理，主要通过放水深浅来调节温度。排藕 10 余天到萌芽期，水深保持在 8 ~ 10cm，以后随着分枝和立叶的旺盛生长，水深逐渐加深到 25cm，采收前一个月，水深再次降低到 8 ~ 10cm，水过深要及时排除。

### 8. 河蟹放养

在莲藕池中放养河蟹，放养时间及放养技巧和常规养殖是不同的，一般在藕成活且长出第一片叶后放蟹种，为了提高饲养商品率，放养的蟹种规格要大一些，通常在 60 ~ 70 只/kg，每亩可放养 200 只，如果养殖池有微流水条件时，则可多放。要求放养的蟹种规格整齐，大小一致，附肢完整，无病无伤，健康活泼，活力较强。蟹种下塘前用 3% 食盐水浸泡 5 ~ 10min，或在 20mg/L 的漂白粉中洗浴 20min 后再入池饲养，同时每亩搭配投放鲫鱼种 8 尾、鳙鱼种 10 尾，规格为每尾 20g 左右。不宜混养草食性鱼类如草鱼、鲂鱼，以防吃掉藕芽嫩叶等。

### 9. 河蟹投喂

蟹种下塘后第三天开始投喂。将鱼坑作为投喂点，每天投喂 2 次，分别为上午 7：00 ~ 8：00、下午 4：00 ~ 5：00，日投喂量为蟹总体重的 3% 左右，具体投喂数量根据天气、水质、蟹吃食和活动情况灵活掌握。饲料为自制配合饲料，主要成分是豆粕、麦麸、玉米、血粉、鱼粉、饲料添加剂等，粗蛋白含量 34% 左右，饲料为浮性的，粒径 2 ~ 5mm，饲料定点投在饲料台上。

### 10. 巡视藕池

对藕池进行巡视是藕蟹生产过程中的基本工作之一，只有经过巡池才能及时发现问题，并根据具体情况及时采取相应措施，故每天必须坚持早、中、晚 3 次巡池。

巡池的主要内容有：检查田埂有无洞穴或塌陷，一旦发现应及时堵塞或修整；检查水位，始终保持适当的水位；在投喂时注意观察蟹的吃食情况，以相应增加或减少投喂量；防治疾病，经常检查藕的叶片、叶柄是否正常，结合投喂、施肥观察蟹的活动情况，及早发现疾病，对症下药。同时要加强防毒、防盗的管理，也要保证环境安静。

**11. 水位调控**

注水的原则是蟹藕兼顾，随着气温不断升高，及时加注新水，合理调节水深以利于藕的正常光合作用和生长。6 月初水位升至最高，达到 1.2～1.5m。7～9 月，每 15 天换水 10cm，每月每立方米水体用生石灰 15g 化水泼洒一次。防病主要使用内服药物，每半个月喂含 0.2% 土霉素的药饵 3 天。

**12. 防病**

在莲藕池中养河蟹，河蟹疾病目前发现不是太严重，因此可不作重点预防和治疗。莲藕的虫害主要是蚜虫，可用 40% 乐果乳油 1000～1500 倍液或抗蚜威 200 倍液喷雾防治。病害主要是腐败病，应实行 2～3 年的轮作换茬，在发病初期可用 50% 多菌灵可湿性粉剂 600 倍液加 75% 百菌清可湿性粉剂 600 倍液喷洒防治。

### 三 河蟹与茭白立体混养

**1. 池塘选择**

水源充足、无污染、排污方便、保水力强、耕层深厚、肥力中上等、面积在 1 亩以上的池塘均可用于种植茭白养蟹。

**2. 蟹坑修建**

沿埂内四周开挖宽 1.5～2.0m、深 0.5～0.8m 的环形蟹坑，池塘较大的，中间还要适当的开挖中间沟，中间沟宽 0.5～1m，深 0.5m，环形蟹坑和中间沟内投放轮叶黑藻、眼子菜、苦草、菹草等沉水性植物制作的草堆，塘边角还用竹子固定浮植少量漂浮性植物如水葫芦、浮萍等。蟹坑开挖的时间为冬春茭白移栽结束后，总面积占池塘总面积的 8%，每个蟹坑的面积最大不超过 200m²，可均匀地多开挖几个蟹坑，开挖深度为 1.2～1.5m，开挖位置选择在池塘中部或进水口处，蟹坑的其中一边靠近池埂，以便于投喂和管理。开挖蟹坑的目的是在施用化肥、农药时，让河蟹能集中在蟹坑避害，在夏季水温较高时，河蟹可在蟹坑中避暑；可方便地定点在蟹坑中投喂饲料，饲料投入蟹坑中，也便于检查河蟹的摄食、活动及蟹病情况；蟹坑也可作防旱蓄水池等。在放养河蟹前，要将池塘进排水口安装网拦设施（图 5-27）。

### 3. 防逃设施

防逃设施简单，用宽度为 70cm 的硬质塑料薄膜做防逃设施，其中薄膜埋入土中 20cm，土上露出 50cm 即可。

### 4. 施肥

每年的 2～3 月种茭白前施底肥，可用腐熟的猪、牛粪和绿肥 1500kg/亩，钙镁磷肥 20kg/亩，复合肥 30kg/亩。翻

图 5-27　茭白与河蟹混养

入土层内，耙平耙细，将肥泥整合后，即可移栽茭白苗。

### 5. 选好茭白种苗

在 9 月中旬至 10 月初，于秋茭采收时进行选种，以浙茭 2 号、浙茭 911、浙茭 991、大苗茭、软尾茭、中介壳、一点红、象牙茭、寒头茭、梭子茭、小腊茭、中腊台、两头早为主。选择植株健壮，高度中等，茎秆扁平，纯度高的优质茭株作为留种株。

### 6. 适时移栽茭白

茭白用无性繁殖法种植，长江流域于 4～5 月间选择那些生长整齐，茭白粗壮、洁白，分蘖多的植株作种株。用根茎分蘖苗切墩移栽，母墩萌芽高 33～40cm 时，茭白有三四片真叶。将茭墩挖起，用利刃顺分蘖处劈开成数小墩，每墩带匍匐茎和健壮分蘖芽 4～6 个，剪去叶片，保留叶鞘长 16～26cm，减少蒸发，以利提早成活，随挖、随分、随栽。株行距按栽植时期、分墩苗数和采收次数而定，双季茭采用大小行种植，大行行距 1m，小行行距 80cm，穴距 50～65cm，每亩 1000～1200 穴，每穴六七苗。栽植方式以 45°角斜插为好，深度以根茎和分蘖基部入土，而分蘖苗芽稍露水面为度，定植 3～4 天后检查一次，栽植过深的苗，稍提高使之浅些，栽植过浅的苗宜再压下使之深些，并做好补苗工作，确保全苗。

### 7. 放养河蟹

在茭白苗移栽前 10 天，对蟹坑进行消毒处理。新建的蟹坑，一定要先用清水浸泡 7～10 天后，再换新鲜的水继续浸泡 7 天后才能

放蟹种。放养的蟹种规格在 60~70 只/kg，每亩可放养 250 只，要求放养的蟹种规格整齐、大小一致、附肢完整、无病无伤、健康活泼、活力较强。蟹种下塘前用 3% 食盐水浸泡 5~10min，或在 20mg/L 的漂白粉中洗浴 20min 后再入池饲养，同时每亩放鲢、鳙鱼各 50 尾，每天喂精料 1 次，每亩投料 1.0~2.5kg。

### 8. 科学管理

**（1）水质管理** 茭白池塘的水位根据茭白生长发育特性灵活掌握，以"浅—深—浅"为原则。萌芽前灌浅水 30cm，以提高土温，促进萌发；栽后为促进成活，保持水深 50~80cm；分蘖前仍宜浅水 80cm，促进分蘖和发根；至分蘖后期，加深至 100~120cm，以控制无效分蘖。7~8 月高温期宜保持水深 130~150cm，并做到经常换水降温，以减少病虫危害，雨季宜注意排水，在每次追肥前后的几天，需放干或保持浅水，待肥吸收入土后再恢复到原来水位。每半个月投放一次水草，沿田边环形沟和田间沟多点堆放。

**（2）科学投喂** 根据季节辅喂精料，如菜饼、豆渣、麦麸皮、米糠、蚯蚓、蝇蛆、蟹用颗粒料和其他水生动物等。可投喂自制混合饲料或者购买蟹类专用饲料，也可投喂一些动物性饲料如螺蚌肉、鱼肉、蚯蚓或捞取的枝角类、桡足类、动物屠宰厂的下脚料等，沿田边四周浅水区定点多点投喂。投喂量一般为鱼蟹体重的 5%~10%，采取"四定"投喂法，傍晚投喂量要占全日量的 70%。每天投喂两次饲料，早 8：00~9：00 投喂 1 次，傍晚 18：00~19：00 投喂 1 次。

**（3）科学施肥** 茭白植株高大，需肥量大，应重施有机肥作基肥。基肥常用人畜粪、绿肥，追肥多用化肥，宜少量多次，可选尿素、复合肥、钾肥等，禁用碳酸氢铵。有机肥应占总肥量的 70%。基肥在茭白移植前深施。追肥应采用"重、轻、重"的原则，具体施肥可分四个步骤，在栽植后 10 天左右，茭株已长出新根成活，施第一次追肥，每亩施人粪尿肥 500kg，称为提苗肥。第二次在分蘖初期每亩施人粪尿肥 1000kg，以促进生长和分蘖，称为分蘖肥。第三次追肥在分蘖盛期，如果植株长势较弱，适当追施尿素每亩 5~10kg，称为调节肥；如果植株长势旺盛，可免施追肥。第四次追肥

在孕茭始期，每亩施腐熟粪肥 1500～2000kg，称为催茭肥。

**（4）茭白用药**　应对症选用高效低毒、低残留、对混养的河蟹没有影响的农药。如杀虫双、叶蝉散、乐果、井冈霉素、多菌灵等。禁用除草剂及毒性较大的呋喃丹、杀螟松、三唑磷、毒杀酚、波尔多液、五氯酚钠等，慎用稻瘟净、马拉硫磷。粉剂农药在露水未干前施用，水剂农药在露水干后喷洒。施药后及时换注新水，严禁在中午高温时喷药。

孕茭期有大螟、二化螟、长绿飞虱，应在害虫幼龄期，每亩用 50% 杀螟松乳油 100g 加水 75～100kg 泼浇或用 40% 乐果 1000 倍液在剥除老叶后，逐棵用药灌心。立秋后发生蚜虫、叶蝉和蓟马的，可用 40% 乐果乳剂 1000 倍液、10% 叶蝉散可湿性粉剂 200～300g 加水 50～75kg 喷洒，茭白锈病可用 1:800 倍敌锈钠喷洒效果良好。

### 9. 茭白采收

茭白按采收季节可分为一熟茭和两熟茭。一熟茭，又称单季茭，在秋季日照变短后才能孕茭，每年只在秋季采收 1 次。春种的一熟茭栽培早，每墩苗数多，采收期也早，一般在 8 月下旬至 9 月下旬采收。夏种的一熟茭一般在 9 月下旬开始采收，11 月下旬采收结束。茭白成熟的采收标准是：随着基部老叶逐渐枯黄，心叶逐渐缩短，叶色转浅，假茎中部逐渐膨大和变扁，叶鞘被挤向左右两侧，当假茎露出 1～2cm 的洁白茭肉时，称为"露白"，此时为采收最适宜时期。夏茭孕茭时，气温较高，假茎膨大速度较快，从开始孕茭至可采收，一般需 7～10 天。秋茭孕茭时，气温较低，假茎膨大速度较慢，从开始孕茭至可采收，一般需要 14～18 天。但是不同品种孕茭至采收期所经历的时间有差异。茭白一般采取分批采收，每隔 3～4 天采收 1 次。每次采收都要将老叶剥掉。采收茭白后，应该用手把墩内的烂泥培上植株茎部，既可促进分蘖和生长，又可使茭白幼嫩而洁白。

### 10. 河蟹收获

5 月开始可用地笼开始捕捞河蟹，将地笼固定放置在茭白塘中，每天早晨将进入地笼的河蟹，收取上市。直至 6 月底可放干茭白塘的水，彻底收获。

### 1. 轮作原理

水芹菜既是一种蔬菜，也是水生动物的一种好饲料，它的种植时间和河蟹的养殖时间明显错开，双方能起到互相利用空间和时间的优势，在生态效益上也是互惠互利的，在许多水芹种植地区已经开始把河蟹与水芹作为主要的轮作方式之一，取得了明显的效果。

水芹菜是冷水性植物，它的种植时间是，在每年的 8 月开始育苗，9 月开始定植，也可以一步到位，直接放在池塘中种植即可，11月底开始向市场供应水芹菜，直到第二年的 3 月初结束，3~8 这段时间基本上是处于空闲状态，而这时正是河蟹养殖的高峰期，两者结合可以将池塘全年综合利用，经济效益明显，是一种很有推广前途的种养相结合的生产模式（图 5-28）。

### 2. 田地改造

水芹田的大小以 5 亩为宜，最好是长方形，以确保供河蟹打洞的田埂更多，在田块周围按稻田养殖的方式开挖环沟和中央沟，沟宽 1.5m，深 75cm，开挖的泥土除了用于加固池埂外，主要是放在离沟 5m 左右的田地中，做成一条条的小埂，小埂宽30cm 即可，长度不限。

图 5-28　水芹菜里混养河蟹——水芹萌发

水源要充足，排灌要方便，进排水要分开，进排水口可用 60 目的网布扎好，以防河蟹从水口逃逸以及外源性敌害生物侵入，田内除了小埂外，其他部位要平整，以方便水芹菜的种植，溶氧要保持在 5mg/L。

为了防止河蟹在下雨天或因其他原因逃逸，防逃设施是必不可少的，根据经验，我们认为只要在放蟹前 2 天做好就行，材料多样，可以就地取材，不过最经济实用的还是用 60cm 的纱窗埋在埂上，入土 15cm，在纱窗上端缝一条宽 30cm 的硬质塑料薄膜就可以了。

**3. 放养前的准备工作**

**（1）清池消毒** 和前面的方法与剂量一样。

**（2）水草种植** 在有水芹的区域里不需要种植水草，但是在环沟里还是需要种植水草，这些水草对于河蟹度过盛夏高温季节是非常有帮助的。水草品种优选轮叶黑藻、马来眼子菜和光叶眼子菜，其次可选择苦草和伊乐藻，也可用水花生和空心菜，水草种植面积宜占整个环沟面积的40%左右。另外进入夏季后，如果池塘中心的水芹还存在或有较明显的根茎存在时，就不需要补充草源，如果水芹已经全部取完，必须在4月前及时移栽水草，以确保河蟹的养殖成功。

**（3）放肥培水** 在河蟹放养前1周左右，亩施用经腐熟的有机肥200kg，用来培育浮游生物。

**4. 蟹种放养**

在水芹菜里轮作河蟹，放养蟹种是有讲究的，由于8月底到9月初是水芹的生长季节，而此时蟹种并没有放养，可以直接用来种植水芹，等年底水芹出售完毕一直到第二年的3月，都可以放养蟹种。放养的蟹种80~100只/kg，每亩可放养350只，要求放养的蟹种规格整齐、大小一致、附肢完整、无病无伤、健康活泼、活力较强。蟹种下塘前用3%的食盐水浸泡5~10min，或在20mg/L的漂白粉中洗浴20min后再入池饲养，同时每亩搭配投放鲫鱼种8尾、鳙鱼种10尾，规格为每尾20g左右。

**5. 饲养管理**

**（1）水质调控**

1）池水调节：放养蟹种的池塘，在4~5月水位控制在50cm左右，透明度在20cm就可以了，6月以后要经常换水或冲水，防止水质老化或恶化，保持透明度在35cm左右，pH为6.8~8.4。

2）注冲新水：为了促进河蟹蜕壳生长和保持水质清新，定期注冲新水是一个非常好的举措，也是必不可少的技术方法。从9月到第二年的3月基本上不用单独为河蟹换冲水，只要进行正常的水芹菜管理就可以了，从4月开始直到5月底，每10天注冲水1次，每次10~20cm，6~8月中旬每7天注冲水一次，每次10cm。

3）生石灰泼洒：从 3 月底直到 7 月中旬，每半月可用生石灰化水泼洒 1 次，每次用量为 15kg/亩，可以有效地促进河蟹的蜕壳。

**（2）饲料投喂**　在河蟹养殖期间，河蟹除能利用春季留下未售的水芹菜叶、菜茎、菜根和部分水草外，还是要投喂饲料的，具体的投喂种类和投喂方法与前面介绍的一样。

**（3）日常管理**　在河蟹生长期间，每天坚持早晚各巡塘 1 次，主要是观察河蟹的生长情况以及检查防逃设施的完备性，看看池埂有无被河蟹打洞造成漏水情况。

**6. 病害防治**

主要是预防敌害，包括水蛇、水老鼠、水鸟等。其次是发现疾病或水质恶化时，要及时处理。

**7. 捕捞**

河蟹的捕捞采取地笼在环形沟内张捕，最好在 8 月栽水芹菜前能全部捕完。如果不能捕完或者是还不能上市的河蟹，可先慢慢地降低水芹池里的水位，让水位降至田面以下，这时河蟹就会慢慢地全部爬行到田间沟里和环形沟里。再在田面上种植水芹的幼苗。

**8. 水芹菜种植**

**（1）适时整地**　在 8 月中旬时，一般河蟹还没有上市，在用降水的办法把河蟹引入田间沟和环形沟后，可用旋耕机在池塘中央进行旋耕，周边不动，保持底部平整即可，然后用网具将田面围起来，再在网具上面缝上一圈高 30cm 的硬质塑料，主要是起隔断河蟹到水芹田里咬食水芹菜的作用。

**（2）适量施肥**　亩施入腐熟的粪肥 1000kg，为水芹菜的生长提供充足的肥源。

**（3）水芹菜的催芽**　一般在 7 月底就可以进行了，为了不影响河蟹的最后阶段的生产，可以放在另外的地方催芽，催芽温度要在 27～28℃时开始。

**（4）排种**　经过 15 天左右的催芽处理，芽已经长到 2cm 时就可以排种了，排种时间在 8 月下旬为宜。为了防止刚入水的小嫩芽被太阳晒死，建议排种的具体时间应选择在阴天或晴天的 16：00 以后进行。排种时将母茎基部朝外，芽头朝上，间隔 5cm 排一束，然后

轻轻地用泥巴压住茎部。

**（5）水位管理**　在排种初期的水位管理尤为重要，这是因为一方面此时气温和水温挺高，可能对小嫩芽造成灼伤，另一方面，为了促进嫩芽尽快生根，池底基本上是不需要水的，所以此时一定要加强管理，在可能的情况下保证水位在 5～10cm，待生根后，可慢慢加水至 50～60cm。到初冬后，要及时加水位至 1.2m。

**（6）肥料管理**　在水位渐渐上升到 40cm 后，可以适时追肥，一般亩施腐熟粪肥 200kg，也可以施农用复合肥 10kg，以后做到看苗情施肥，每次施尿素 3～5kg/亩。

**（7）定苗除草**　当水芹菜长到株高 10cm 时，根据实际情况要及时定苗、匀苗、补苗或间苗，定苗密度以株距 5cm 比较合适。

**（8）病害防治**　水芹菜的病害要比河蟹的病害严重得多，主要有斑枯病、飞虱、蚜虫及各种飞蛾等，可根据不同的情况采用不同的措施来防治病虫害。例如对于蚜虫，可以在短时间内将池塘的水位提升上来，使植株顶部全部淹没在水中，然后用长长的竹竿将漂浮在水面的蚜虫及杂草驱出排水口。

**（9）及时采收**　水芹菜的采收很简单，就是通过人工在水中将水芹菜连根拔起，然后清除污泥，剔除须根和黄叶及老叶，整理好后，捆扎上市。要强调的是，在离环形沟的 50cm 处的水芹菜带不要收割，可作为养殖河蟹的防护草墙，也可作为第二年河蟹的栖息场所和食料补充，如果有可能的话，在塘中间的水芹菜也可以适当留一些，不要全部采收光，那些水芹菜的须根最好留在池内。

## 第八节　成蟹的捕捞与运输

### 一　捕捞时间

"秋风响，蟹爪痒"，经过一个夏季的饲养，到了秋天时，"黄满膏肥"，这时就可以捕捞了。一般大水面捕捞时间宜在重阳节前后，精养蟹池的捕捞时间可以推后一点，为了提高大水面的捕获量，可将重阳节期间捕捞的河蟹放入精养池中进一步囤养。

## 二 地笼张捕

最有效的捕捞方式是用地笼张捕，地笼网是最常用的捕捞工具。每只地笼长 10～20m，分成 10～20 个方形的格子，每只格子间隔的地方两面带倒刺，笼子上方织有遮挡网，地笼的两头分别圈为圆形，地笼网以有结网为好（图 5-29）。

头天下午或傍晚把地笼放入池边浅水中，里面放进腥味较浓的鱼块、鸡肠等作诱饵效果更好，网衣尾部漏出水面，傍晚时分，河蟹出来寻食时，闻到腥味，寻味而至，碰到笼子后，笼子上方有网挡着，爬不上去，便四处找入口，就钻进了笼子。进了笼子的河蟹滑向笼子深处，成为笼中之蟹。第二天早晨就可以从笼中倒出河蟹（图 5-30）。

图 5-29　捕蟹的地笼

图 5-30　捕捞河蟹

## 三 手抄网捕捞

把手抄网上方扎成四方形，下面留有带倒锥状的漏斗，沿蟹塘边沿地带或水草丛生处，不断地用杆子赶，蟹进入四方形抄网中，提起网，蟹就留在了网中，这种捕捞法适宜用在水浅而且河蟹密集的地方，特别是在水草比较茂盛的地方效果非常好。

## 四 干池捕捉

抽干水塘的水，河蟹便集中在塘底，用人工手拣的方式捕捉。要注意的是，抽水之前最好先将池边的水草清理干净，避免河蟹躲藏在草丛中；抽水的速度最好快一点，以免河蟹进洞。

### 五 成蟹的运输

　　根据河蟹的商品特性，销售的商品蟹必须鲜活，这是因为河蟹一旦死亡，它体内的组氨酸就会分解转化成有毒性的组胺，对人体是非常不利的，如果食用不当，会造成人体中毒。因此如何保证河蟹鲜活并安全运输到销售地点，是商品蟹运输中的重要一环。

　　少量的商品蟹可以先暂养，用专门的虾蟹暂养袋将它们暂养在一起，等数量充足了可以一次性运输（图5-31）。如果急需少量用时，可以用手提或包拎就可以了，也可以用草绳或塑料绳将商品蟹一捆绑就可以随身带走了。但是大批量商品蟹的运输就不是这么简单的了，首先在运输前需要对商品蟹进行适

图5-31　河蟹暂养

当的包装，这种包装对于提高河蟹的品牌价值和市场认知度是非常有好处的。商品蟹的包装可分为精包装和简包装两种，目前常用的包装是简包装，工具有蟹笼、竹筐、柳条筐以及草包、蒲包、木桶等。商品蟹在包装时，应先在蟹笼、竹筐中垫入一层浸湿的稀眼草包或者蒲包，然后将挑选待运的商品蟹逐只分层码放在筐内。放置时，应将河蟹背部朝上腹部朝下，力求码放平整、紧凑，沿笼、筐边缘的河蟹，码放时还应使其头部朝上。河蟹装满后，用浸湿的草包盖好，再加盖压紧捆牢，不使河蟹在筐内活动，尽可能减少其体力消耗，以提高运输存活率。精包装是专门用于礼品蟹的包装，走的销售方式是高端路线，一般是用于大规格、无公害、品牌效应好的商品蟹，例如阳澄湖的大闸蟹就是以一对一对进行包装的，价格也达到了每只近百元。

　　商品蟹大批量长途运输可用汽车、轮船或飞机。运输装车前，应将装好蟹的蟹笼在水中浸泡一下，或用人工喷水，使蟹笼和蟹鳃腔内保持一定的水分，以保证河蟹在运输途中始终处于潮湿的环境中。装满蟹的蟹笼、蟹筐，在装卸时要注意轻拿轻放，禁止抛掷或挤压。用汽车长途装运时，蟹笼、蟹筐上还要用湿蒲包或草包盖好，

使两侧和迎风面，不被风吹、日晒。途中要定期加水喷淋。

> ➡ **【提示】** 运输 1~2 天中转时，应打开蟹筐，检查筐内河蟹存活情况，如果发现死蟹较多，需立即倒筐，剔除死蟹，并用新鲜河水冲洗活蟹，以防途中死亡蔓延。

# —第六章—
# 水草的栽培与养护

俗话说"要想养好蟹，应先种好草""蟹大小，多与少，看水草"，由此可见，水草在很大程度上决定着河蟹的规格和产量，这是因为水草不仅是河蟹不可或缺的植物性饵料，并为河蟹的栖息、蜕壳、躲避敌害提供了良好的场所，更重要的是水草在调节养殖池塘水质、保持水质清新、改善水体溶氧状况上作用重大，然而目前许多养殖户由于水草栽种品种不合理，养殖过程中管理不善等问题，不但没有很好地利用水草的优势，反而因为水草存塘量过少、水草腐烂等使得池塘底质、水质恶化，河蟹缺氧上草甚至出现死亡现象。因此，在养蟹过程中栽植水草是一项不可缺少的技术措施。

## 第一节　水草的栽培

### 一　水草的作用

在池塘养蟹中，水草的多少，对养蟹成败非常重要，这是因为水草为河蟹的生长发育提供了极为有利的生态环境，提高了苗种成活率和捕捞率，降低了生产成本，对河蟹养殖起着重要的增产增效的作用。据调查，池塘种植水草的河蟹产量比没有水草的池塘的河蟹产量能增产 20%，规格增大 15~25g/只，效益增加 300~500 元/亩，因此种草养蟹显得尤为重要（彩图 6-1）。水草在河蟹养殖中的作用具体表现在以下几点。

## 1. 模拟生态环境

河蟹的自然生态环境离不开水草,"蟹大小,看水草",说的就是水草的多寡直接影响河蟹的生长速度和肥满程度;在池塘中种植水草可以模拟和营造生态环境,使河蟹产生"家"的感觉,有利于河蟹快速适应环境和快速生长。

## 2. 提供丰富的天然饵料

水草营养丰富,富含蛋白质、粗纤维、脂肪、矿物质和维生素等河蟹需要的营养物质。水草茎叶中往往富含维生素 C、维生素 E 和维生素 B 等,这可以弥补投喂谷物和配合饲料多种维生素的不足。此外,水草中还含有丰富的钙、磷和多种微量元素,其中钙的含量尤其突出,能够补充蟹体对矿物质的需求。

池中的水草一方面为河蟹生长提供了大量的天然优质的植物性饵料,降低了生产成本,河蟹经常食用水草,能够促进消化,促进胃肠功能的健康运转。另一方面河蟹喜食的水草还具有鲜、嫩、脆的特点,便于取食,具有很强的适口性。同时水草还能诱集并有利于大量的浮游生物、水蚯蚓、水生昆虫、小鱼虾、螺、蚌、蚬贝以及底栖动物等的繁衍,起到为河蟹提供天然饵料的作用。

## 3. 净化水质

河蟹喜欢在水草丰富、水质清新的环境中生活,在池中栽植水草,水草通过光合作用,能有效地吸收池塘中的二氧化碳、硫化氢和其他无机盐类,降低水中氨氮,减轻池水富营养化程度,增加水体透明度、净化水质,使水质保持新鲜、清爽,有利于河蟹快速生长,为河蟹提供生长发育的适宜生活环境。另外水草对水体的 pH 也有一定的稳定作用。

## 4. 增加溶氧

通过水草的光合作用,可增加水中溶解氧含量,为河蟹的健康生长提供良好的环境保障。

## 5. 隐蔽藏身

河蟹只能在水中作短暂的游泳,平时均在水域底部爬行,特别是夜间,常常爬到各种浮叶植物上休息和嬉戏,因此水草是它们适

宜的栖息场所。

栽种水草，还可以减少河蟹相互格斗，是提高各期河蟹成活率的一项有力保证。更重要的是河蟹蜕壳时，喜欢在水位较浅、水体安静的地方进行，因为浅水水压较低，安静可避免惊扰，这样有利于河蟹顺利蜕壳（图6-1）。

在池塘中种植水草，形成水底森林，正好能满足河蟹的这一生长特性，因此它们常常攀附在水草上，丰富的水草既为河蟹提供了安静的环境，又有利于河蟹缩短蜕壳时间，减少体能消耗，同时，河蟹蜕壳后成为"软壳蟹"，需要几小时静伏不动的恢复期，待新壳渐渐硬化之

图6-1　需要足够的水草作为隐蔽物供虾蟹蜕壳用

后，才能开始爬行、游动和觅食，而这一段时间，软壳蟹缺乏抵御能力，极易遭受敌害侵袭，水草可起隐蔽作用，使其同类及老鼠、水蛇等敌害不易发现，可减少敌害侵袭而造成的损失。

**6. 提供攀附**

幼蟹有攀爬习性，水草为幼蟹提供了攀附物。另外水草还可以供河蟹蜕壳时攀援附着、固定身体，缩短蜕壳时间，减少体力消耗。

**7. 调节水温**

养蟹池中最适应河蟹生长的水温是 20～28℃，当水温低于20℃或高于28℃时，都会使河蟹的活动量减少，摄食欲望下降，活动变慢。如果水温进一步变化，河蟹多数会潜入泥底或进入洞穴中穴居，影响它的快速生长。在池中种植水草，在冬天可以防风避寒，在炎热夏季水草可为河蟹提供一个凉爽安定的生长空间，能遮住阳光，使河蟹在高温季节也可正常摄食、蜕壳、生长，同时适宜凉爽的低温环境能相应地延长其生长期，对控制河蟹性早熟起重要作用。

**8. 预防疾病**

科研表明，水草中的喜旱莲子草能较好地抑制细菌和病毒，河蟹摄食莲子草即可防治一些疾病。

**9. 提高成活率**

水草一方面可以扩展立体空间，有利于疏散河蟹密度，防止和减少局部河蟹密度过大而发生格斗和残食现象，避免不必要的伤亡，另一方面水草易使水体保持清新，增加水体透明度，稳定 pH 使水体保持中性偏碱，有利于河蟹的蜕壳生长，有利于提高河蟹的成活率。

**10. 提高品质**

池塘通过栽植水草，一方面能够使河蟹经常在水草上活动、摄食，蟹体易受阳光照射，有利于钙质的吸收沉积，促进蜕壳生长；另一方面，水草特别是优质水草，能促进河蟹体表的颜色与之相适应，同时也使水质净化，水中污物减少，使养成的河蟹体色光亮，可提高品质，这就是为什么湖泊水库的河蟹有"金爪、黄毛、青壳、白肚"之美誉；再一个方面就是河蟹常在水草上活动，能避免它长时间在底泥或洞穴中栖居，造成河蟹体色灰暗的现象，使河蟹的体色更光亮，更有市场竞争力，保证较高的销售价格。

**11. 有效防逃**

水草较多的地方，常常富积大量的河蟹喜食的鱼、虾、贝、藻等鲜活饵料，使他们产生安全舒适的家的感觉，一般很少逃逸。因此蟹池种植丰富优质的水草，是防止河蟹逃跑的有效措施。

**12. 消浪护坡**

种植水草，对河蟹池塘具有消浪护坡的功能，防止池埂坍塌的作用。

## 二 水草的合理搭配

养殖河蟹的水域包括池塘、低洼田以及大水面的湖汊，要求水草在蟹池中分布均匀，种类不能单一，沉水性、浮水性、挺水性水草要合理搭配，一般情况下，水草覆盖面积占蟹池的 1/3～1/2，其中深水处种沉水植物及一部分浮叶植物，浅水区种挺水植物。蟹池实行复合型水草种植（指水草品种至少在两种以上），不但河蟹品质得到明显提高，而且养殖产量能平均增加 20% 以上（图 6-2）。

图 6-2　水草要栽种合理

### 三　品种选择与搭配

1）根据河蟹对水草利用的优越性，确定移植水草的种类和数量，一般以沉水植物和挺水植物为主，浮叶植物和漂浮植物为辅。

2）根据河蟹的食性移植水草，可多栽培一些河蟹喜食的苦草、轮叶黑藻、金鱼藻，其他品种水草适当少移植，起到调节互补作用，这对改善池塘水质、增加水中溶氧、提高水体透明度有很好的作用。

3）一般情况下，河蟹不论采取哪种养殖类型，池塘中水草的覆盖率都应该保持在50%左右，水草品种在两种以上。

### 四　水草的种植类型

#### 1. 池塘或稻田型

在蟹池中种植水草应以沉水性植物为主，浮水性植物为辅，我们建议选择伊乐藻、苦草、轮叶黑藻的搭配模式。三者的栽种比例是伊乐藻早期覆盖率应控制在20%左右，苦草覆盖率应控制在20%～30%，轮叶黑藻的覆盖率控制在40%～50%。三者的栽种时间次序为伊乐藻—苦草—轮叶黑藻。三者的作用是：伊乐藻为早期过渡性和食用水草，为河蟹早期生长提供一个栖息、蜕壳和避敌的理想场所；苦草为食用和隐藏性水草，可把它作为河蟹的"零食"，以保证河蟹有充足的植物性饲料来源；轮叶黑藻则作为池塘或稻田养殖类型的主打水草，为河蟹的中后期生长提供一个避暑、栖息、蜕壳和避敌的理想场所。

⚠️ **【注意】** 伊乐藻要在冬春季播种，高温期到来时，将伊乐藻草头割去，仅留根部以上10cm左右，防止其死亡后腐烂变质臭水死蟹；苦草种子要分期分批播种，错开生长期，防止遭河蟹一次性破坏；轮叶黑藻可以长期供应。

### 2. 河道或湖泊型

在这种类型中以金鱼藻或轮叶黑藻为主，苦草、伊乐藻为辅。金鱼藻或轮叶黑藻种植在浅水与深水交汇处，水草覆盖率控制在40%~50%。苦草种植在浅水处，覆盖率控制在10%左右。伊乐藻覆盖率控制在20%左右。不论哪种水草，都以不出水面，不影响风浪为好。

### 五 蟹池里常见水草的栽培与管理

水生植物的种类很多，分布较广，在养蟹池中，适合河蟹需要的种类主要有苦草、轮叶黑藻、金鱼藻、水花生、浮萍、伊乐藻、眼子菜、青萍、槐叶萍、满江红、簀藻、水车前、空心菜、菱角、水花生等。下面简要介绍几种常用水草的特性。

### 1. 伊乐藻

伊乐藻是从日本引进的一种水草，原产于美洲，是一种优质、速生、高产的沉水植物。伊乐藻的优点是发芽早、长势快，它的叶片较小，不耐高温，只要水面无冰即可栽培，水温5℃以上即可萌发，10℃即开始生长，15℃时生长速度快，当水温达30℃以上时，生长明显减弱，藻叶发黄，部分植株顶端会发生枯萎。在寒冷的冬季能以营养体越冬，在早期其他水草还没有长起来的时候，只有它能够为河蟹生长、栖息、蜕壳和避敌提供理想场所，伊乐藻植株鲜嫩，叶片柔软，适口性好，其营养价值明显高于苦草、轮叶黑藻，是河蟹喜食的优质饲料，非常适应河蟹的生长，河蟹在水草上部游动时，身体非常干净，符合优质蟹"白肚"的要求。伊乐藻具有鲜、嫩、脆的特点，是河蟹优良的天然饵料。在长江流域通常以4~5月

**（1）栽前准备**

1）池塘清整：排水干池，每亩用生石灰 150 ~ 200kg 化水趁热全池泼洒，清野除杂，并让池底充分冻晒半个月，同时做好池塘的修复整理工作。

2）注水施肥：栽培前 5 ~ 7 天，注水 30cm 左右深，进水口用 60 目筛绢进行过滤，每亩施腐熟粪肥 300 ~ 500kg，既作为栽培伊乐藻的基肥，又可培肥水质。

**（2）栽培时间**　根据伊乐藻的生理特征以及生产实践的需要，我们建议栽培时间选在 11 月至第二年 1 月中旬，气温 5℃ 以上即可生长。如果冬季栽插须在成蟹捕捞后进行，抽干池水，让池底充分冻晒一段时间，再用生石灰、茶籽饼等药物消毒后进行。如果是在春季栽插应事先将蟹种用网圈养在池塘一角，等水草长至 15cm 时再放开，否则栽插成活后的嫩芽会被蟹种吃掉，或被蟹的巨螯掐断，甚至连根拔起。

**（3）栽培方法**

1）沉栽法：每亩用 15 ~ 25kg 的伊乐藻种株，将种株切成 20 ~ 25cm 长的段，每 4 ~ 5 段为一束，在每束种株的基部粘上有一定黏度的软泥团，撒播于池中，泥团可以带动种株下沉着底，并能很快扎根在泥中。

2）插栽法：一般在冬春季进行，每亩的用量与处理方法同上，把切段后的草茎放在生根剂的稀释液中浸泡一下，然后像插秧一样插栽，一束束地插入有淤泥的池中，栽培时栽得宜少，但距离要拉大，株行距为 1m × 1.5m。插入泥中 3 ~ 5cm，泥上留 15 ~ 20cm，栽插初期保持水位以插入伊乐藻刚好没头为宜，待水草长满后逐步提高水位。种植时要留 2 ~ 3m 的空白带，使蟹池形成"十"字形或"井"字形无草区，作为日后蟹的活动空间，便于鱼、蟹活动，避免水草布满全池，影响水流。如果伊乐藻一把把地种在水里，会导致植株成团生长，由于河蟹爱吃伊乐藻的根茎，河蟹一夹就会断根使伊乐藻漂浮而死亡，这一点很重要，在栽培时要注意防止这种现象的发生。栽插初期池塘应保持 30cm 深的水位，待水草长满全池后逐步加深池水（图6-3）。

3）踩栽法：伊乐藻的生命力较强，在池塘中种株着泥即可成活。每亩的用量与处理方法同上，把它们均匀撒在塘中，水位保持在5cm左右，然后用脚轻轻踩一踩，让它们粘着泥就可以了，10天后加水。

**（4）管理**

1）水位调节：伊乐藻宜栽种在水位较浅处，栽种后10天就能生出新根和嫩芽，3月底就能形成优势种群。平时可按照逐渐增加水位的方法加深池水，至盛夏水位加至最深。一般情况下，可按照"春浅、夏满、秋适中"的原则调节水位（图6-4）。

图6-3　刚插栽好的水草　　　图6-4　早春已经萌发的伊乐藻

2）投施肥料：在施好基肥的前提下，还应根据池塘的肥力情况适量追施肥料，以保持伊乐藻的生长优势。

3）控温：伊乐藻耐寒不耐热，高温天气会断根死亡，后期必须控制水温，以免伊乐藻死亡导致大面积水体污染。

4）控高：伊乐藻有一个特性就是当它一旦露出水面后，就会折断而导致死亡，败坏水质，因此不要让它疯长，方法是在5～6月不要加水太高，应慢慢地控制在60～70cm，当7月水温达到30℃，伊乐藻不再生长时再加水位到120cm。

**2. 苦草**

在蟹池中种植苦草有利于观察饵料摄食情况，监控水质，是目前我国池塘养蟹的最主要的水草资源之一。

苦草又称为扁担草、面条草，是典型的沉水植物，高40~80cm。地下根茎横生。茎方形，被柔毛。叶纸质，卵形，对生，叶片长3~7cm，宽2~4cm，先端短尖，基部钝锯齿。苦草喜温暖，耐荫蔽，对土壤要求不严，野生植株多生长在林下山坡、溪旁和沟边。含较多营养成分，具有很强的水质净化能力，在我国广泛分布于河流、湖泊等水域，分布区水深一般不超过2m，在透明度大、淤泥深厚、水流缓慢的水域，苦草生长良好。3~4月，当水温升至15℃以上时，苦草的球茎或种子开始萌芽生长。在水温18~22℃时，经4~5天发芽，约15天出苗率可达98%以上。苦草在水底分布蔓延的速度很快，通常1株苦草1年可形成1~3m$^2$的群丛。6~7月是苦草分蘖生长的旺盛期，9月底至10月初达最大生物量，10月中旬以后分蘖逐渐停止，生长进入衰老期。

**（1）栽种前准备**

1）池塘清整：排水干池，每亩用生石灰150~200kg化水趁热全池泼洒，清野除杂，并让池底充分冻晒半个月，同时做好池塘的修复整理工作。

2）注水施肥：栽培前5~7天，注水30cm左右深，进水口用60目筛绢进行过滤，每亩施草皮泥、人畜粪尿与磷肥混合至1000~1500kg作基肥，和土壤充分拌匀待播种，既可作为栽培苦草的基肥，又可培肥水质。

3）草种选择：选用的苦草种应籽粒饱满、光泽度好，呈黑色或黑褐色，长度2mm以上，最大直径不小于0.3mm，以天然野生苦草的种子为好，可提高子一代的分蘖能力。

4）浸种：选择晴朗天气晒种1~2天，播种前，用池塘清水浸种12h。

**（2）栽种时间**　有冬季种植和春季种植两种，冬季播种时常常用干播法，应利用池塘晒塘的时机，将苦草种子撒于池底，并用耙耙匀；春季种植时常常用湿播法，应用潮湿的泥团包裹草籽扔在池塘底部即可。

**（3）栽种方法**

1）播种：播种期在4月底至5月上旬，当水温回升至15℃以上时播种，用种量（实际种植面积）15～30g/亩。精养塘直接种在田面上，播种前向池中加新水 3～5cm 深，最深不超过 20cm。大水面应种在浅滩处，水深不超过 1m，以确保苦草能进行充分的光合作用。选择晴天晒种 1～2 天，然后浸种 12h，捞出后搓出果实内的种子。清洗掉种子上的黏液，将种子与半干半湿的细土或细沙（按1:10）混合撒播，采用条播或间播均可，下种后薄盖一层草皮泥，并盖草，淋水保湿以利于种子发芽。搓揉后的果实其中还有很多种子未搓出，也撒入池中。在正常温度 18℃以上，播种后 10～15 天即可发芽。幼苗出土后可揭去覆盖物。

2）插条：选苦草的茎枝顶梢，具 2～3 节，长 10～15cm 作插穗。在 3～4 月或 7～8 月按株行距 20cm×20cm 斜插。一般约 1 周即可长根，成活率达 80%～90%。

3）移栽：当苗具有两对真叶，高 7～10cm 时移植最好。定植密度株行距 25cm×30cm 或 26cm×33cm。定植地每亩施基肥 2500kg，用草皮泥、人畜粪尿、钙镁磷混合料最好。还可以采用水稻"抛秧法"将苦草秧抛在养蟹水域。

**（4）管理**

1）水位控制：种植苦草时前期水位不宜太高，太高了由于水压的作用，会使草籽漂浮起来而不能发芽生根。苦草在水底蔓延的速度很快，为促进苦草分蘖，抑制叶片营养生长，6 月中旬以前，池塘水位控制在 20cm 以下，6 月下旬水位加至 30cm 左右，此时苦草已基本满塘，7 月中旬水深加至 60～80cm，8 月初可加至 100～120cm。

2）设置暂养围网：这种方法适合在大水面中使用。将苦草种植区用围网拦起，待水草在池底的覆盖率达到 60% 以上时，拆除围网。

3）密度控制：如果水草过密时，要及时去头处理，以达到搅动水体、控制长势、减少缺氧的作用。

4）肥度控制：分期追肥四五次，生长前期每亩可施稀粪尿水 500～800kg，后期可施氮、磷、钾复合肥或尿素。

5）加强饲料投喂：当正常水温达到 10℃以上时就要开始投喂一些配合饲料或动物性饲料，以防止苦草芽遭到破坏。当高温期到来时，在饲料投喂方面不能直接改口，而是逐步地减少动物性饲料的

投喂量,增加植物性饲料的投喂量,以让河蟹有一个适应过程。但是高温期间也不能全部停喂动物性饲料,而是逐步将动物性饲料的比例降至日投喂量的30%左右。这样,既可保证河蟹的正常营养需求,也可防止水草遭到过早破坏。

6)捞残草:每天巡塘时,经常把漂在水面的残草捞出池外,以免破坏水质,影响池底水草的光合作用。

**3. 轮叶黑藻**

轮叶黑藻,又名节节草、温丝草,因每一枝节均能生根,俗有"节节草"之称,是多年生沉水植物,茎直立细长,长50~80cm,叶带状披针形,广布于池塘、湖泊和水沟中。冬季为轮叶黑藻休眠期,水温10℃以上时,芽苞开始萌发生长,前端生长点顶出其上的沉积物,茎叶见光呈绿色,同时随着芽苞的伸长在基部叶腋处萌生出不定根,形成新的植株。轮叶黑藻的再生能力特强,待植株长成又可以断枝再植。轮叶黑藻可移植也可播种,栽种方便,并且枝茎被河蟹夹断后还能正常生根长成新植株而不会死亡,不会对水质造成不良影响,而且河蟹也喜爱采食。因此,轮叶黑藻是河蟹养殖水域中极佳的水草种植品种。

**(1)栽前准备**

1)池塘清整:排水干池,每亩用生石灰150~200kg化水趁热全池泼洒,清野除杂,并让池底充分冻晒半个月,同时做好池塘的修复整理工作。

2)注水施肥:栽培前5~7天,注水30cm左右深,进水口用60目筛绢进行过滤,每亩施粪肥400kg作基肥。

**(2)栽培时间** 大约以6月中旬为宜。

**(3)栽培方法**

1)移栽:将蟹池留10cm的淤泥,注水至刚没泥。将轮叶黑藻的茎切成15~20cm小段,然后像插秧一样,将其均匀地插入泥中,株行距20cm×30cm。苗种应随取随栽,不宜久晒,一般每亩用种株50~70kg。由于轮叶黑藻的再生能力强,生长期长,适应性强,生长快,产量高,利用率也较高,因此最适宜在蟹池种植(彩图6-2)。

2)枝尖插杆插植:轮叶黑藻有须状不定根,在每年的4~8月,处于营养生长阶段，枝尖插植 3 天后就能生根，形成新的植株。

3）营养体移栽繁殖：一般在谷雨前后，将池塘水排干，留底泥 10～15cm，将长至 15cm 的轮叶黑藻切成长 8cm 左右的段节，每亩按 30～50kg 均匀撒于池塘中，使茎节部分浸入泥中，再将池塘水加至 15cm 深。约 20 天后全池都覆盖着新生的轮叶黑藻，可将水加至 30cm，以后逐步加深池水，不使水草露出水面。移植初期应保持水质清新，不能干水，不宜使用化肥，可用生化产品促进定根健草。

4）芽苞种植：每年的 12 月到第二年 3 月是轮叶黑藻芽苞的播种期，应选择晴天播种，播种前池水加注新水 10cm，每亩用种500～1000g，播种时应按行距、株距均为 50cm 将芽苞 3～5 粒插入泥中，或者拌泥沙撒播。当水温升至 15℃时，5～10 天开始发芽，出苗率可达 95%。

5）整株种植：在每年的 5～8 月，天然水域中的轮叶黑藻已长成，长达 40～60cm，每亩蟹池一次放草 100～200kg，一部分被蟹直接摄食，一部分萌生须根着泥存活。

**（4）加强管理**

1）水质管理：在轮叶黑藻萌发期间，要加强水质管理，水位慢慢加深，同时多投喂动物性饵料或配合饲料，减少河蟹食草量，促进须根生成。

2）及时除青苔：轮叶黑藻常常伴随着青苔的发生，在养护水草时，如果发现有青苔滋生时，需要及时消除青苔，具体的清除青苔的方法请见前文。

**4. 金鱼藻**

金鱼藻是沉水性多年生水草，全株深绿色。长 20～40 余厘米，群生于淡水池塘、水沟、稳水小河、温泉流水及水库中，尤其适合在大水面养蟹池中栽培，是河蟹的极好饲料。

**（1）金鱼藻的栽培** 金鱼藻的栽培有以下几种方法。

1）全草移栽：在每年 10 月以后，待成蟹基本捕捞结束后，可从湖泊或河沟中捞出全草进行移栽，用草量一般为每亩 50～100kg。这个时候进行移栽，因为没有河蟹的破坏，基本不需要进行专门的保护。

2）浅水移栽：这种方法宜在蟹种放养之前进行，移栽时间在4月中下旬，或当地水温稳定在11℃即可。首先浅灌池水，将金鱼藻切成小段，长度10～15cm，然后像插秧一样，均匀地插入池底，亩栽10～15kg（图6-5）。

3）深水栽种：水深1.2～1.5m，金鱼藻的长度留1.2m；水深0.5～0.6m，草茎留0.5m。准备一些手指粗细的棍子，棍子长短视水深浅而定，以齐水面为宜。在棍子入

图6-5 栽种水草

土的一头离10cm处用橡皮筋绷上三四根金鱼藻，每蓬嫩头不超过10个，分级排放。移栽时做到深水区稀，浅水区密，肥水池稀，瘦水池密，急用则密，等用则稀的原则，一般栽插密度为深水区1.5m×1.5m栽1蓬，浅水区1m×1m栽1蓬，以此类推。

4）专区培育：在池塘、湖泊或河沟的一角设立水草培育区，专门培育金鱼藻。培育区内不放养任何草食性鱼类和河蟹。10月进行移栽，到第二年4～5月就可获得大量水草。每亩用草种量50～100kg，每年可收获鲜草5000kg左右，可供25～50亩水面用草。

5）隔断移栽：每年5月以后可捞新长的金鱼藻全草进行移栽。这时候移栽必须用围网隔开，防止水草随风飘走或被河蟹破坏。围网面积一般为10～20m²/个，每亩2～4个，每亩草种量100～200kg。待水草落泥成活后可拆去围网。

**（2）栽培管理**

1）水位调节：金鱼藻一般栽在深水与浅水交汇处，水深不超过2m，最好控制在1.5m左右。

2）水质调节：水清是水草生长的重要条件。水体浑浊，不宜水草生长，建议先用生石灰调节，将水调清，然后种草，发现水草上附着泥土等杂物时，应用船从水草区划过，并用桨轻轻将水草的污

物拨洗干净。

3）及时疏草：当水草旺发时，要适当把它稀疏，防止其过密后无法进行光合作用而出现死草臭水现象。可用镰刀割除过密的水草，然后及时捞走。

4）清除杂草：当水体中着生大量的水花生时，应及时将它们清除，以防止影响金鱼藻等水草的生长。

**5. 空心菜**

空心菜，又名蕹菜、竹叶菜，开白色喇叭状花，梗中心是空的，故称"空心菜"。空心菜种植在池边或水中，既可以为河蟹提供遮阳场所，它的茎叶和须根又能被河蟹摄食。

空心菜对土壤要求不严，适应性广，无论旱地水田、沟边地角都可栽植。

**（1）土埂斜坡栽培法** 在距池底1~1.5m之间的地带种植，时间一般在4月中、下旬。先将该地带的土地翻耕5~10cm，亩施腐熟有机肥2500~3000kg或人粪尿1500~2000kg、草木灰50~100kg，与土壤混匀后耙平整细，然后采用撒播方法来播种。播种前首先对种子进行处理，即用50~60℃温水浸泡30min，然后用清水浸种20~24h，捞起洗净后放在25℃左右的温度下催芽，催芽期间要保持湿润，每天用清水冲洗种子1次，待种子破皮露白点后即可播种。亩用种量6~10kg。撒播后，将种子用细土覆盖，以后定期浇灌，以利于出苗。一般7天左右即可出苗，出苗后要定期施肥，以促进空心菜植株快速生长，施肥以鸡粪为好。当气温升高时，空心菜生长旺盛，枝叶繁茂，并随着水位上涨，其茎蔓及分枝会自然在水面及水中延伸，在池塘四周的水面形成空心菜的生态带。可以根据蟹池的需要控制其覆盖水面面积在20%~30%即可。

**（2）水面直接栽培法** 当空心菜长达20cm左右时，节下就会生长出须根，这时剪下带须根的苗即可作为供蟹池栽培用的种苗，先将这些茎节放在靠近岸边的浅水区，它们会慢慢地生根并迅速生长、蔓延。蟹池以空心菜植株长大后覆盖水面面积不超过30%为宜。若超过此面积时，可以作为蔬菜或青饲料及时采收。

**6. 菱角**

一年生草本水生植物，叶片非常扁平光滑，具有根系发达、茎

蔓粗大、适应性强、抗高温的特点，菱角藤长绿叶子，茎为紫红色，开鲜艳的黄色小花。

**（1）菱角的栽培**

1）直播栽培菱角：在 2m 以内的浅水中种菱角，多用直播法。一般当天气稳定在 12℃ 以上时播种，例如长江流域宜在清明前后 7 天内播种，而京、津地区可在谷雨前后播种。播前先催芽，芽长不要超过 1.5cm，播时先清池，清除野菱、水草、青苔等。播种方式以条播为宜，条播时，根据池塘地形，划成纵行，行距 2.6～3m，每亩用种量 20～25kg。

2）育苗移栽菱角：在水深 3～5m 的地方，直播出苗比较困难，即使出苗，苗也纤细瘦弱，产量不高，此时可采取育苗移栽的方法。一般可选用向阳、水位浅、土质肥、排灌方便的池塘作为苗地，实施条播。育苗时，将种菱放在 5～6cm 浅水池中利用阳光保温催芽，5～7 天换 1 次水。发芽后移至繁殖田，等茎叶长满后再进行幼苗定植，每 8～10 株菱角盘为 1 束，用草绳结扎，用长柄铁叉叉住菱束绳头，栽植水底泥土中，栽植密度按株行距 1m×2m 或 1.3m×1.3m 定穴，每穴种三四株苗。

3）球茎抛植：每年的 3 月前后，也可在渠底或水沟中，挖取菱角的球茎，带泥抛入池中，让其生长，它的根或茎就会生长在底泥中，叶能漂浮在水面。

**（2）栽培管理**

1）除杂草：要及时清除菱塘中的槐叶萍、水鳖草、水绵、野菱等，由于菱角对除草剂敏感，必要时应进行手工除草。

2）水质管理：生长过程中水层不宜大起大落，否则会影响分枝成苗率。移栽后到 6 月底，保持菱塘水深 20～30cm，增温促蘖，每隔 15 天换 1 次水。7 月后随着气温升高，菱塘水深逐步增加到 45～50cm。在盛夏可将水逐渐加深到 1.5m，最深不超过 2m。

**7. 水花生**

水花生是挺水植物，水生或湿生的多年生宿根性草本，茎长可达 1.5～2.5m，其基部在水中匍生蔓延，原产于南美洲，我国长江流域各省的水沟、水塘、湖泊均有野生。水花生适应性极强，喜湿耐寒，抗寒能力也超过水葫芦和水雍菜等水生植物，能自然越冬，当气温上升到10℃时即可萌芽生长，最适气温为22～32℃。5℃以下时水上部分枯萎，但水下茎仍能保留在水下不萎缩。

在移栽时用草绳把水花生捆在一起，形成一条条的水花生柱，平行放在池塘的四周。许多河蟹尤其是小老蟹会长期呆在水花生下面，因此要经常翻动水花生，一是让水体能动起来，二是防止水花生的下面发臭，三是减少河蟹的隐蔽，促进生长。

## 第二节　水草的养护

### 一　不同生长阶段对水草的管理要求

许多养殖户对于水草，只种不管，认为水草这种东西在野塘里到处生长，不需要加强管理，其实这种观念是错误的，如果对水草不加强管理的话，不但不能正常发挥水草作用，而且一旦水草大面积衰败时会大量沉积在池底，然后就是腐烂变质，极易污染水质，进而造成河蟹死亡。

河蟹养殖的不同时期对蟹池里的水草要求是不一样的。

**1. 养殖前期**

河蟹养殖前期对水草的要求是种好草：一是要求塘口多种草、种足草；二是要求塘口种上河蟹适宜的水草；三是要求种的草要成活，要萌发，要能在较短时间内形成水下森林（图6-6）。

**2. 养殖中期**

河蟹养殖中期对水草的要求是管好草：一是蟹池水色过浓而影响水草进行光合作用的，应及时调水至清新状态或降低水位，从而增强光线透入水中的机会，增强水草的光合作用；二是如果蟹池的水质

图6-6　让水草尽快形成水下森林

浑浊、水草上附着污染物的，应及时清洗水草，对于水面较大的蟹池，可以使用相应的药物泼洒，对水草上的污物进行分解；三是一旦发现蟹池里的水草有枯萎现象或缺少活力的，应及时用生化肥料或其他肥料进行追肥，同时要加强对水草的保健。

**3. 养殖后期**

河蟹养殖后期对水草的要求是控好草：一是控制水草的疯长，水草在池塘里的覆盖率维持在 50% 左右就可以了；二是加强台风期的水草控制，在养殖后期也是台风盛行的时候，在台风到来前，要做好水位的控制，主要是适当降低水位，避免较大的风力把水草根茎拔起而离开池底，造成枯烂，污染水质；三是对水草超出水面的，在 6 月初割除老草头，让其重新生长出新的水草，形成水下森林。

## 二 蟹池水草疯长的应对措施

**1. 控制水草疯长的原因**

随着水温的渐渐升高，蟹池里水草的生长速度也不断加快，在这个时期，如果蟹池中的水草没有得到很好的控制，就会出现疯长现象。而且疯长后的水草会出现腐烂现象，直接导致水质变坏，水中严重缺氧，将给河蟹养殖造成严重危害。对水草疯长的蟹池，可以采取多种措施加以控制。

**2. 人工清除**

这个方法是比较原始的，劳动力也大，但是效果好，适用于小型的蟹池。具体措施就是随时将漂浮的水草及腐烂的水草捞出。对于池中生长过多过密的水草可以用刀具割除，也可以用绳索上挂刀片，两人在岸边来回拉扯从而达到割草的目的。每次水草的割除量控制在水草总量的 1/3 以下。还有一种割草的方法就是在蟹池中间割出一些草路，每隔 8～10m 就可以割出一条 2m 左右的草路，可以让河蟹有自由活动。

**3. 缓慢加深池水**

一旦发现蟹池中的水草生长过快时，这时应加深池水让草头没入水面 30cm 以下，通过控制水草的光合作用来达到抑制生长的目的。在加水时，应缓慢加入，让水草有个适应的过程，不能一次加得过多，否则会发生死草并腐烂变质的现象，从而导致水质恶化。

#### 4. 补氧除害

对于那些水草过多而疯长的池塘，如果遇到天气闷热、气压过低的天气时，既不要临时仓促割草，也不要快速加换新水，以免搅动池底，让污物泛起。这时先要向水体里投放高效的增氧剂，既可以用化学增氧剂，也可以用生化增氧产品，目的是补充水体溶解氧的不足；同时使用药物来消除水体表面的张力和水体分层现象，促使蟹池里的有害物质转化为无害的有机物或气体溢出水面，等天气和气压状况好转后，再将疯长的水草割去，同时加换新水。

#### 5. 调节水质

在养殖第一线的养殖户肯定会发现一个事实，那就是水草疯长的池塘里面的腐烂草屑和其他污物一般都很多，这是水质不好的表现，如果不加以调控的话，很可能就会进一步恶化。特别是在大雨过后及人工割除的情况下，现象更是明显，而且短期内水质都会不好，这时就要着手调节水质。

调节水质的方法有很多，可以先用生石灰化水全池泼洒，烂草和污物多的地方要适当多洒，第二天上午使用解毒剂进行解毒，然后再施用追肥。

### 三 水草管理中的几个问题及处理对策

#### 1. 水草老化

**（1）老化的原因** 蟹池经过一段时间的养殖后，由于水体中肥料营养已经被水草和其他水生动植物消耗得差不多了，出现营养供应不足的现象，导致水质不清爽。

**（2）水草老化的危害** 在水草方面体现在：一是污物附着水草，叶子发黄；二是草头贴于水面上，经太阳曝晒后停止生长；三是伊乐藻等水草老化比较严重，出现了水草下沉、腐烂的情况。水草老化对河蟹养殖的影响就是败坏水质、底质，从而影响河蟹的生长。

【对策】一是对于老化的水草要及时进行"打头"或"割头"处理；二是促使水草重新生根、促进生长，可通过施加肥料或生化肥等措施来达到目的。这里介绍一例，谨供参考，可用 1 桶健草养螺宝加 1 袋黑金神用水稀释后全池泼洒，可用 8～10 亩。

## 2. 水草过密

**（1）水草过密的原因**　蟹池经过一段时间的养殖，随着水温的升高，水草的生长也处于旺盛期，于是有的池塘里就会出现水草过密的现象。

**（2）水草过密的危害**　水草过密对河蟹造成的影响：一是过密的水草会封闭整个蟹池表面，造成池塘内部缺少氧气和光照，河蟹会缺氧而死亡；二是过密的水草会大量吸收池塘的营养，从而造成蟹池的优良藻相无法保持稳定，时间一长就会造成河蟹疾病频发；三是水草过密，河蟹有了天然的躲避场所，它们就会躲藏在里面不出来，时间一长就会造成大量的懒蟹，从而造成整个池塘的河蟹产量下降，规格降低。

【对策】一是对过密的水草强行打头或刈割，从而起到稀疏水草的效果；二是对于生长旺盛、过于茂盛的水草要进行分块，有一定条理地"打路"处理，一般 5～6m 打一宽 2m 的通道以加强水体间上、下水层的对流及增加阳光的照射，有利于水体中有益藻类及微生物的生长，还有利于河蟹的行动、觅食，增加河蟹的活动空间；三是处理水草后，要在蟹池中全池泼洒防应激、抗应激的药物，来缓解河蟹因改变光照、水体环境带来的应激反应。具体的药物和用量请参考当地的鱼药店。

## 3. 水草过稀

水草过稀的原因就是在养殖过程中，温度越来越高，河蟹越长越大，而蟹池里的水草却越来越稀少，这在河蟹养殖中是最常见的一种现象。经过分析，我们认为影响水草过稀的情况有下面几种情况，不同的情况对河蟹造成的影响是不同的，当然处理的对策也有所不同。

**（1）由水质老化浑浊而造成的**　蟹池里的水太浑浊，水草上附着大量的黏滑浓稠的污泥物，这些污泥物在水草的表面阻断了水草利用光能进行光合作用的途径，从而阻碍了水草的生长发育。

【对策】一是换注新水，促使水质澄清；二是先清洗水草表面的污泥，然后再促使水草重新生根、促进生长，可通过施加肥料或生化肥等措施来达到目的。

（2）**由水草根部腐烂、霉变而引起的**　养殖过程中由于大量投喂或使用化肥、鸡粪等导致底部有机质过多，水草根部在池底受到硫化氢、氨、沼气等有害气体和有害菌侵蚀下造成根部的腐烂、霉变，进而使整株水草枯萎、死亡。

【对策】一是对已经死亡的水草，要及时捞出，减少对蟹池的污染；二是对池水进行解毒处理，用相应的药物来消除池塘里硫化氢、氨等毒性；三是做好河蟹的保护工作，可内服大蒜素（0.5%）、护肝药物（0.5%）、多维（1%），每天1次，连续3~5天，防止河蟹误食已经霉变的水草而中毒；四是用药物对已腐烂、霉变的水草进行氧化分解，达到抑制、减少有害气体及有害菌的作用，从而保护健康水草根部不受侵蚀腐烂、霉变。这类药物目前市场上属于新品种，并不多见，例如六控底健康就可以用来解决此类情况，具体的用量和用法请参考使用说明。

（3）**由水草的病虫害而引起的**　春夏之交是各种病虫繁殖的旺盛期，有些飞虫将自己的受精卵产在水草上孵化，而孵化出来的幼虫需要能量和营养，这时水草便是最好的能量和营养载体，这些幼虫通过噬食水草来获取营养，导致水草慢慢枯死，从而造成蟹池里的水草稀疏。

【对策】由于蟹池里的水草是不能乱用药物的，尤其是针对飞虫的药物有相当一部分是菊酯类的，对河蟹有致命伤害，因此不能使用。针对水草的病虫害只能以预防为主，可用经过提取的大蒜素制剂与食醋混合后喷洒在水草上，能有效驱虫和溶化分解虫卵。大蒜素制剂和食醋的用量请参考使用说明书。

（4）**由综合因素引起的**　主要是在高温季节、高密度、高投喂、高排泄、高残留、低气压、低溶氧的情况下，水质、底质容易变坏，对水草的健康生长带来不良影响，是河蟹养殖的高危期。

【对策】每5~7天在水草生长区和投喂区抛洒底质改良剂或漂白粉制剂，目的是解决水质通透度，防止底质腐败，消除有毒有害物质如亚硝酸盐、氨氮、硫化氢、甲烷、重金属、有害腐败病菌等，保护水草健康。

（5）**由河蟹割草而引起的**　所谓河蟹割草就是河蟹用大螯把水

草夹断，就像人工用刀割的一样，养殖户把这种现象叫河蟹割草。

【对策】 蟹池里如果有少量河蟹割草属于正常现象，如果在投喂后这种现象仍然存在，这时可根据蟹池的实际情况合理投放一定数量的螺蛳，有条件的尽量投放仔螺蛳。蟹池里如果河蟹大量割草，那就不正常了，可能是饲料不足或者河蟹开始发病的征兆。一是针对饲料不足时可多投喂优质饲料；二是配合施用追肥，来达到肥水培藻的目的，也可使用市售的培藻产品来按说明泼洒，以达到培养藻类的效果。

## ——第七章——
# 河蟹的病虫害防治

## 第一节　病害原因

由于河蟹患病初期不易发现，一旦发现，病情就已经不轻，用药治疗作用较小，疾病不能及时治愈，大批死亡而使养殖者陷入困境。所以防治河蟹疾病要采取"预防为主、防重于治、全面预防、积极治疗"等措施，控制蟹病的发生和蔓延。

为了很好地掌握发病规律和防止蟹病的发生，首先必须了解发病的病因。河蟹发病原因比较复杂，既有外因也有内因。查找根源时，不应只考虑某一个因素，应该把外界因素和内在因素联系起来综合加以考虑，才能正确找出发病的原因。

### 一　环境因素

影响鱼类健康的环境因素主要有水温、水质、化学物质、农药等。

**1. 水温**

在正常情况下，河蟹体温随外界环境尤其是水体的水温变化而发生改变。当水温发生急剧变化时，机体由于适应能力不强而发生病理变化乃至死亡。如蟹苗在入池时要求温差低于3℃，否则会因温差过大而生病，甚至大批死亡。

**2. 水质**

河蟹为维护正常的生理活动，要求有适合生活的良好水环境。水质的好坏直接关系到河蟹的生长，影响水质变化的因素有水体的

酸碱度（pH）、溶氧（DO）、有机耗氧量（BOD）、透明度、氨氮含量及微生物等理化指标。在这些适宜的范围内，河蟹生长发育良好，一旦水质环境不良，就可能导致河蟹生病或死亡。

### 3. 化学物质

池水化学成分的变化往往与人们的生产活动、周围环境、水源、生物活动（鱼虾类、浮游生物、微生物等）、底质等有关。如果鱼池长期不清塘，池底堆积大量没有分解的剩余饵料、水生动物粪便等，这些有机物在分解过程中，会大量消耗水中的溶解氧，同时还会放出硫化氢、沼气、二氧化碳等有害气体，毒害河蟹。有些地方，土壤中重金属盐（铅、锌、汞等）含量较高，在这些地方修建鱼池，容易引起弯体病。工厂、矿山和城市排出的工业废水和生活污水日益增多，含有一些重金属毒物（铝、锌、汞）、硫化氢、氯化物等物质的废水如进入蟹池，严重时则引起河蟹的大量死亡。

### 4. 农药

河蟹对某些农药如敌百虫、菊酯类杀虫剂、化肥、液化石油气等化学物品非常敏感，只要池塘内有这些化学物品，河蟹就会全军覆灭，因此养殖水体应符合国家颁布的渔业水质标准和无公害食品淡水水质标准。

> ⮕ 【提示】 养殖区里有稻田的，要注意在防治水稻疾病时，不能轻易将田水放入养殖水域中，如果是稻蟹混养的，在选择药物时要注意药物的安全性。

### 二 病原体侵袭

导致河蟹生病的病原体有真菌、细菌、病毒、原生动物等，这些病原体是影响河蟹健康的罪魁祸首。

### 三 自身因素

河蟹自身因素的好坏是抵御外来病原菌的重要因素，一尾自体健康的蟹能有效地预防部分鱼病的发生，而软壳蟹对疾病的抵抗能力就要弱得多。

## 四　人为因素

**1. 操作不慎**

在饲养过程中，经常要给养蟹池换水、运输河蟹时，有时会因操作不当或动作粗糙，导致碰伤河蟹，造成河蟹附肢缺损或自切损伤，这样很容易使病菌从伤口侵入，使河蟹感染患病。

**2. 外部带入病原体**

从自然界中捞取活饵、采集水草和投喂时，由于消毒、清洁工作不彻底，可能带入病原体。另外病蟹用过的工具未经消毒又用于无病蟹也能重复感染或交叉感染。

**3. 饲喂不当**

大规模养蟹基本上是靠人工投喂饲养的，如果投喂不当，投食不清洁或变质的饲料，或饥或饱及长期投喂干饵料，饵料品种单一，饲料营养成分不足，缺乏动物性饵料和合理的蛋白质、维生素、微量元素等，这样河蟹就会缺乏营养，造成体质衰弱，就容易感染患病。当然投喂过多，投喂的饵料变质、腐败，易引起水质腐败，促进细菌繁衍，导致河蟹生病。

**4. 环境调控不力**

河蟹对水体的理化性质有一定的适应范围。如果单位水体内载蟹量太多，易导致生存的生态环境很恶劣，加上不及时换水，蟹和鱼的排泄物、分泌物过多，二氧化碳、氨氮增多，微生物滋生，蓝绿藻类浮游植物生长过多，都可使水质恶化，溶氧量降低，使蟹发病（彩图7-1）。

**5. 放养密度不当和混养比例不合理**

合理的放养密度和混养比例能够增加蟹产量，但放养密度过大，会造成缺氧，并降低饵料利用率，引起河蟹的生长速度不一致，大小悬殊，同时由于蟹缺乏正常的活动空间，加之代谢物增多，会使其正常摄食生长受到影响，抵抗力下降，发病率增高。另外不同规格的蟹同池饲养，在饵料不足的情况下，易发生以大欺小和相互咬伤现象，造成较高的发病率。鱼、蟹类在混养时应注意比例和规格，如果比例不当，不利于河蟹的生长。

**6. 饲养池及进排水系统设计不合理**

饲养池特别是其底部设计不合理时，不利于池中的残饵、污物

的彻底排除，易引起水质恶化使蟹发病。进排水系统不独立，一池蟹发病往往也传播到另一池蟹发病。特别是在大面积精养时或水流池养殖时，这种情况更要注意预防。

**7. 消毒不够**

蟹体、池水、食场、食物、工具等消毒不够，会使蟹的发病率大大增加。

## 第二节　河蟹疾病的防治措施

河蟹疾病防治应本着"防重于治、防治相结合"的原则，贯彻"全面预防、积极治疗"的方针。目前常用的预防措施和方法有以下几点。

### 一　严格抓好苗种购买放养关

可由市水产技术推广站或联合当地有信誉的养殖大户，统一从湖库中组织高质量的河蟹亲本，送到有合作关系且信誉度较高的苗种生产厂家，专门培育优质大眼幼体，指导养殖户购买适宜苗种，严格进行种质鉴定和病情检测，放养的蟹种做到肢体健全，活动能力强，不带病原菌和寄生虫，鼓励养殖户坚持自育自养蟹种，以培育健康苗种提高蟹种抗病能力。

### 二　做好蟹种的消毒工作

生产实践证明，即使是体质健壮的蟹种，也或多或少都带有各种病原菌，尤其是从外地运来的蟹种更是如此。放养未经消毒处理的蟹种，容易把病原体带进池塘，一旦条件合适，病原体便大量繁殖而引发疾病。因此，在放养前将蟹种浸洗消毒，是切断传播途径、控制或减少疾病蔓延的重要技术措施。药浴的浓度和时间，根据不同的养殖种类、个体大小和水温灵活掌握。

**（1）食盐**　这是苗种消毒最常用的方法，配制含量为3%～5%，洗浴10～15min，可以预防烂鳃病、指环虫病等。

**（2）漂白粉**　含量15mg/L，浸洗15min，可预防细菌性疾病。

**（3）高聚碘**　含量50mg/L，洗浴10～15min，可预防寄生虫性疾病。

（4）**高锰酸钾**　在水温 5～8℃时，用 20g/m³，浸洗 3～5min，可杀灭河蟹体表上的寄生虫和细菌。

### 三　做好饵料与食场的消毒工作

在河蟹养殖过程中，投喂不清洁或腐烂的饲料，有可能将致病菌带入池塘中，因此对饲料进行消毒，可以提高河蟹的抗病能力。青饲料如南瓜、马铃薯等要洗净切碎后方可投喂；配合饲料以 1 个月喂完为宜，不能有异味；小鱼小虾要在新鲜时投喂，时间过久的，要用高锰酸钾消毒后方可投喂。

食场是河蟹的进食之处，由于食场内常有残存饵料，一些没有被及时吃完的饵料会溶失于水体中，时间长了或高温季节腐败后可成为病原菌繁殖的培养基，为病原菌的大量繁殖提供了有利场所，很容易引起河蟹细菌感染，导致疾病发生。同时食场是河蟹群体最密集的地方，也是疾病传播的地方，因此对于养殖固定投喂的场所，也就是食场，进行定期消毒，是有效的防治措施之一，通常有药物悬挂法和泼洒法两种。

**1. 药物悬挂法**

可用于食场消毒的悬挂药物主要有漂白粉、强氯精等，悬挂的容器有塑料袋、布袋、竹篓，装药后，以药物能在 5h 左右溶解完为宜，悬挂周围的药液达到一定浓度就可以了。

在疾病高发季节，要定期进行挂袋预防，一般每隔 15～20 天为 1 个疗程，可预防细菌性疾病和烂鳃病。药袋最好挂在食台周围，每个食台挂 3～6 个袋。漂白粉挂袋的每袋 50g，每天换 1 次，连续挂 3 天。同时每天坚持巡塘查饵，经常清理回收未吃完的残食残渣。

**2. 泼洒法**

从 4～9 月开始，每隔 1～2 周在河蟹吃食后用漂白粉消毒食场 1 次，用量一般为 250g/次，将溶化的漂白粉泼洒在食场周围。也可用生石灰在食场周围泼洒消毒，每次用量为 10kg/亩，既能防止水质老化恶化又能促进河蟹蜕壳生长，同时要加强水源管理，杜绝劣质水在养蟹中的应用。

## 四 定期对水体进行消毒

河蟹的生活环境，除了底质就是水质，水质的好坏直接影响到它们的生长和发育，从而影响到产量和经济效益。优良的水源条件应是充足、清洁、不带病原微生物以及无人为污染、无有毒物质的，水的物理、化学指标应适合于河蟹生长的需求。如果水质不好，直接会导致河蟹产生各种疾病。

河蟹养殖用水一定要杜绝和防止引用工厂废水，使用符合要求的水源。随着水温的不断升高，河蟹的摄食量大增，生长发育旺盛，而此时也正是病原体的生长繁殖旺盛季节，为了及时杀灭病菌，应定期对池塘水体进行消毒杀菌，每半月用 $1g/m^3$ 的漂白粉或 $15kg/$ 亩的生石灰全池遍洒一次。

> 【提示】 用水系统应使每个养殖池有独立的进水和排水管道，以避免水流把病原体带入。养殖场的设计应考虑建立蓄水池，这样可将养殖用水先引入蓄水池，使其自行净化、曝气、沉淀或进行消毒处理后再灌入养殖池，就能有效地防止病原体随水源带入。

## 五 利用生物净化手段，改良生态环境

在蟹种放养前积极培植水草，在浅水区种植空心菜、水花生，在深水区移植苦草、聚草或移养水浮萍，水浮萍覆盖率占池塘总面积的 50% 左右，这样既模拟了河蟹自然生长环境，为河蟹提供栖息、蜕壳、隐蔽场所，又能吸收水中不利于河蟹生长的氨、氮、硫化氢等，起到改善水质、抑止病原菌大量滋生、减少发病机会的作用。

在精养蟹池内推行鱼蟹混养、鱼蟹轮养、种草投螺养蟹、鱼虾蟹综合养殖技术，适度套养滤食性鱼类如花白鲢和异育银鲫以摄食水中的藻类细菌、清除残饵和排泄物，可有效地保持良好的水质。

## 六 科学活用各种微生物制剂

### 1. 光合细菌

目前在水产养殖上普遍应用的是红假单胞菌，将其施放在养殖水体后可迅速消除氨氮、硫化氢和有机酸等有害物质，改善水体，

稳定水质，平衡养殖水体酸碱度。但光合细菌对于进入养殖水体的大分子有机物如残饵、排泄物及浮游生物的残体等无法分解利用。水肥时施用光合细菌可促进有机污染物的转化，避免有害物质积累，改善水体环境和培育天然饵料，保证水体溶氧；水瘦时应首先施肥再使用光合细菌，这样有利于保持光合细菌在水体中的活力和繁殖优势，降低使用成本。

由于光合细菌的活菌形态微细、比重小，若采用直接泼洒养殖水体的方法，其活菌不易沉降到池塘底部，无法起到良好的改善底环境的效果，因此建议全池泼洒光合细菌时，尽量将其与沸石粉合剂应用，这样既能将活菌迅速沉降到底部，同时沸石也可起到吸附氨的效果。

> ● **【提示】** 使用光合细菌的适宜水温为 15~40℃，最适水温为 28~36℃，因而宜掌握在水温 20℃ 以上时使用，切记阴雨天勿用。

### 2. 芽孢杆菌

将芽孢杆菌施入养殖水体后，能及时降解水体有机物如排泄物、残饵、浮游生物残体及有机碎屑等，避免有机废物在池中的累积。同时能有效减少池塘内的有机物耗氧，间接增加水体溶解氧，保持良好的水质，从而起到净化水质的作用。

> ▲ **【注意】** 当养殖水体的溶解氧高时，其繁殖速度加快，因此在泼洒该菌时，最好开动增氧机，以使其在水体快速繁殖并迅速形成种群优势，对稳定水色，营造良好的底质环境有重要作用。

### 3. 硝化细菌

硝化细菌在水体中是降解氨和亚硝酸盐的主要细菌之一，能达到净化水质的作用。硝化细菌的使用很简单，只需用池塘水溶解泼洒就可以了。

### 4. EM 菌

EM 菌中的有益微生物经固氮、光合等一系列分解、合成作用，

使水中的有机物质形成各种营养元素，供自身及饵料生物的生长繁殖，同时能增加水中的溶解氧，降低氨、硫化氢等有毒物质的含量，提高水质质量。

### 5. 酵母菌

酵母菌能有效分解溶于池水中的糖类，迅速降低水中的生物耗氧量，在池内繁殖出来的酵母菌又可作为鱼虾的饲料蛋白利用。

### 6. 放线菌

放线菌对于养殖水体中的氨氮降解及增加溶氧和稳定 pH 均有较好效果。放线菌与光合细菌配合使用效果极佳，可以有效地促进有益微生物繁殖，调节水体中微生物的平衡，可以去除水体和水底中的悬浮物质，也可以有效地改善水底污染物的沉降性能、防止污泥解絮，起到改良水质和底质的作用。

### 7. 蛭弧菌

将蛭弧菌泼洒在养殖水体后，可迅速裂解嗜水气单胞菌，减少水体致病微生物数量，能防止或减少鱼、虾、蟹病害的发展和蔓延，同时对于氨氮等有一定去除作用。也可改善水产动物体内外环境，促进生长，增强免疫力。

## 七 维持优质藻相

藻相平衡是指在河蟹养殖池中各种优质藻类品种比较齐全，所占比例合理，在水体中呈良性循环。因此水体中各种有益微生物的种群比例合理，这种水营养丰富、活力强，非常有利于河蟹生活生长，而且在这种藻相里生长的河蟹，其自身对疾病的抵抗力非常强。

藻相如何？如何观察？如何控制？这些都是一个经验活，除了要熟练、科学地掌握观察水色、看水养蟹的技能外，还要迅速地判断出池塘里的藻相是否处于优质状态。这里介绍一种简便实用的方法，就是结合观察增氧机打起的水花颜色来判断。

1）如果增氧机打起的水花是浅绿色的，水很清爽，说明水体藻类活力很强，水体状况很好，此时注意做好底质的预防处理就能维持优质藻相了。

2）如果增氧机打起的水花较浊，土黄绿色，水面有泡沫、悬浮物，说明水体开始老化，这时应该进行追肥、保水，激活藻类的生长，保持良好水色，同时须进行底质的改良、氧化等处理。

3）如果养殖中后期，增氧机打起的水花是晶莹透亮的，没有一点颜色，说明水体老化程度很大，水体藻类活力很差，活藻少，死藻多，水体溶氧很低，很容易引起疾病暴发，这时的处理方法是及时补加新水，施肥培藻，同时进行底质净化。

## 第三节　河蟹药物的选用

### 一 河蟹药物的选用原则

河蟹药物选择的正确与否直接关系到疾病的防治效果和养殖效益，所以在选用药物时，讲究以下几条基本原则。

**1. 有效性**

为使生病的河蟹尽快好转和恢复健康，减少生产上和经济上的损失，在用药时应尽量选择高效、速效和长效的药物，用药后的有效率应达到70%以上。例如对河蟹的甲壳溃烂病，用抗生素、磺胺类药、含氯消毒剂等都有疗效，但应首选含氯消毒剂，因为它能同时直接杀灭体表和养殖水体中的细菌，且杀菌快、效果好。如果是细菌性肠炎，则应选择喹诺酮类药、氟哌酸，制成药物饵料进行投喂。

**2. 安全性**

药物的安全性主要表现在以下三个方面。

1）药物在杀灭或抑制病原体的有效浓度范围内对河蟹本身的毒性损害程度要小，因此有的药物疗效虽然很好，只因毒性太大在选药时不得不放弃，而改用疗效居次、毒性作用较小的药物。

2）对水环境的污染及其对水体微生态结构的破坏程度要小，甚至对水域环境不能有污染。尤其是那些能在水生动物体内引起"富集作用"的药物，如含汞的消毒剂和杀虫剂，含丙体六六六的杀虫剂（林丹）坚决不用。这些药物的富集作用，会直接影响到人们的食欲，并对人体也会有某种程度的危害。

3）对人体健康的影响程度也要小，在河蟹被食用前应有一个停药期，并要尽量控制使用药物，特别是对确认有致癌作用的药物，

如孔雀石绿、呋喃丹、敌敌畏、六六六等，应坚决禁止使用。

### 3. 廉价性

选用虾药蟹药时，应多做比较，尽量选用成本低的鱼药。许多鱼药，其有效成分大同小异，或者药效相当，但相互间价格相差很远，对此，要注意选用价格低且有效的药物。

### 4. 方便性

由于给河蟹用药极不方便，可根据养殖品种以及水域情况，确定到底是使用泼洒法、涂抹法、口服法、注射法，还是浸泡法给药。应选择疗效好、安全、使用方便的鱼药。

## 二　辨别蟹药

辨别蟹药虾药的真假优劣可按下面三个方面判断。

1）"五无"型的药。即无商标标志、无厂名厂址、无生产日期、无保存日期、无合格许可证。这种连基本的外包装都不合格的，请想想看，这样的蟹药虾药会合格吗？会有效吗？可想而知它是最典型的假药。

2）冒充型的药。这种冒充表现在两个方面，一种情况是商标冒充，主要是一些见利忘义的鱼药厂家发现市场俏销或正在宣传的渔用药物时，即打出同样包装、同样品牌的产品或冠以"改良型产品"；另一种情况就是一些生产厂家利用一些药物的可溶性特点将一些粉剂药物改装成水剂药物，然后冠以新药来投放市场。这种冒充型的假药具有一定的欺骗性，普通的养殖户一般难以识别，需要专业人员进行及时指导帮助才行。

3）夸效型。具体表现就是一些鱼药生产企业不顾事实，肆意夸大诊疗范围和效果，有时我们可见到部分鱼药包装袋上的广告是天花乱坠，且包治百病，实际上疗效不明显或根本无效，见到这种能治所有鱼病的鱼药可以摒弃不用。

## 三　选购药物的技巧

选购鱼药首先要在正规的药店购买，注意药品的有效期。其次是特别要注意药品的规格和剂型。同一种药物往往有不同的剂型和规格，其药效成分往往不相同。如漂白粉的有效氯含量为28%～

32%，而漂粉精为 60%~70%，两者相差 1 倍以上。不同规格药物的价格也有很大差别。因此，了解同一类鱼药的不同商品规格，便于选购物美价廉的药品，并根据商品规格的不同药效成分换算出正确的施药量。

## 四 用药技巧

目前，市面上用于治疗鱼病的鱼药可谓应有尽有，这些都会给河蟹养殖户带来更多的选择。为避免鱼病用药不奏效，应注意以下几个问题。

**（1）有效期**　即这一批生产的鱼药最长使用时间能到何时。

**（2）存放条件**　即鱼药在保存时需要注意什么要点？一般来说，许多药品需要避光、低温、干燥保存。

**（3）主治对象**　即本鱼药的最适用病症是哪一种？这样方便养殖户按需选购，但是现在许多商品鱼药都标榜能治百病，这时可向有使用经验的人请教，不可盲目相信。

**（4）避免多种鱼药混用**　一旦混用的药物多了，难免会造成一些鱼药间发生化学反应，可能会产生毒副作用，因此我们在使用时一定要注意药物间的配伍禁忌。

**（5）用药的水质条件**　大部分鱼药都会受水体的水温、pH、硬度和溶解氧影响。因此在用药前最好先了解水体的条件，尽可能减少水质对用药的影响。

**（6）准确计算用药量和坚持疗程**　一是要准确测量和估算水体的量，二是要准确称量药物的用量，以做到合理安全用药。还有一点就是一定要坚持用药，最少要坚持一个疗程，千万不要今天用这种药，明天又改用下一种药，后天一看又改用其他的药了。这样做，不但不会及时救鱼，反而会使病鱼加重对药物的应激反应而死亡。

第七章　河蟹的病虫害防治

> ● 【提示】　生产中应尽量避免长期使用同一种药物及无病乱用药，以免产生抗药性。要适当使用具有同样效果，但不是同一种药物的药。

### 五 准确计算用药量

鱼病防治上，内服药的剂量通常按鱼体重计算，外用药的剂量则按水的体积计算。

**1. 内服药的计算**

首先应比较准确地推算出鱼群的总重量，然后折算出给药量的多少，再根据鱼的种类、环境条件、鱼的吃食情况确定出鱼的吃饵量，再将药物混入饲料中制成药饵进行投喂。

**2. 外用药的计算**

先算出水的体积。水体的面积乘以水深就得出体积，再按施药的含量算出药量，如果施药的含量为 1mg/L，则 1m³ 水体应该用药 1g。

## 第四节　幼蟹病虫害的防治

### 一 幼蟹病害的特点及防治

幼蟹在大水面培育中很少发生疾病，一方面大水面的生态环境比较适合其生长需要而且能削弱病害滋长寄生的机会；另一方面，即使有病发生，由于幼蟹体型较小、水面较大，人们也难以发现。但是在培育仔幼蟹时，由于人为因素，使河蟹的生态环境发生了变化，养殖密度大大提高，河蟹的活动范围受到了明显限制，加上有的育苗户饲养不当、管理不善等因素，致使幼蟹的发病率大大提高。当然，由于人工培育仔幼蟹水体面积较小，人为调控能力强，一旦发现或预知疾病发生，可以有效地预防与治疗，把损失减少到最小。

在培育蟹苗变态到Ⅰ期幼蟹的几天里，由于池水很少交换，加上浮游生物的生长高峰期到来，水质容易恶化；而在幼蟹培育后期，培育池内大量投喂，幼蟹的排泄物、蜕下的甲壳和残饵大量存在，一时不易清除，在水体高温作用下，极易腐烂发臭，使池水变质，造成各种有害菌类和藻类大量繁殖，病原体大量滋生，因此这两个阶段是幼蟹疾病的高发时期。

幼蟹的蜕皮与蜕壳是生命活动过程中极其重要的环节，同时也是生命过程中极其脆弱的时候。当环境条件不适时，往往会造成蜕壳不遂而死亡。蜕壳后的"软壳蟹"，由于在 24h 内活动能力很弱，往往容易遭受敌害威胁或同类的残食；另一方面，"软壳蟹"的抗病能力较弱，也易染上传染性疾病。在进行仔幼蟹培育时，蟹苗的来源、品种、质量、淡化日龄往往也成为其致病与死亡的直接原因，因此，在购买时要慎重选择，正确地加以对比与鉴别。

在培育过程中，有的养殖户掉以轻心，饲养管理与技术水平跟不上，幼蟹的投喂数量和质量没有保证，投喂没有规律，或大量投喂营养成分单调的饲料，幼蟹往往对这类饵料食用较少，使之经常处于半饥半饱状态，造成食欲不振，体质消瘦，降低了幼蟹对病虫害的抵抗能力，而不恰当的投喂方法易使大量残存饲料在水体里发酵变质，从而影响水质。

培育幼蟹时，防病的重点应放在蟹苗放养前及培育过程中。在大眼幼体入池前，应对养蟹的环境（培育池）进行生石灰带水消毒，用量为 $0.15 \text{kg/m}^3$，清池半个月后经试水无毒后才可以放入蟹苗；选购质量好、体质健壮、亲蟹个体大、品质正宗的中华绒螯蟹蟹苗；购苗及运输要小心操作；投放时确定合理的放养密度也是提高蟹苗成活率、减少疾病的有效措施之一，密度过高会增加仔幼蟹相互残杀和传染疾病的机会。在进入 I 期幼蟹后，培育池要定期更换池水，保持清新的水质和丰富的溶氧（DO > 5mg/L），以减少发病的机会。在饵料投喂上，应严格按各期的摄食特点进行分期、分量、分级投喂高质量的饵料。

### 1. 聚缩虫病

【病原病因】聚缩虫寄生，聚缩虫病是幼蟹培育中的主要疾病。

【症状特征】病蟹白天常见于池边浅水区独立爬行，然后沿着防逃设施向上攀爬，其活动、摄食能力减弱，继而陆续死亡。经镜检解剖，发现病蟹的壳及鳃上寄生大量的聚缩虫。聚缩虫少量寄生时，对幼蟹生长无明显影响，严重寄生时，蟹的额部、步足、背壳及鳃部都布满寄生虫，影响幼蟹的活动和生长。幼蟹的活动表现为无力或瘫痪状态，呼吸微弱。

【流行特点】患有聚缩虫的幼蟹，以 III 期以后的幼蟹为多。

【危害情况】 病蟹一般在黎明前死亡较多。

【预防措施】 ①放养蟹苗前，用生石灰彻底清洗培育池，平时多注意换水和注水，合理投喂，及时清除残饵，增强幼蟹自身的体质。②目前认为幼蟹培育时密度过高以及培育后期池水过肥可能是聚缩虫病的诱发因子，因而建议放苗时密度要合理，不要太高，保持水中有充足的溶氧。③河蟹蜕壳后 2 天，最好能换去 4/5 的水。

【治疗方法】 ①已经附着虫体的可用 0.1~0.25mg/L 的硫酸铜全池泼洒。②用 50mg/L 的福尔马林或 30mg/L 的新洁尔灭溶液或 35mg/L 的制霉菌素全池泼洒。③用 500mg/L 的福尔马林浸泡杀死聚缩虫。

> ⚠ 【注意】 使用上述浓度治疗时，必须密切注视病蟹的活动情况，发现不适时，立即换水或放入大池，如果适应的，最好在 18~24h 后再换水。

### 2. 累枝虫和钟形虫病

【病原病因】 累枝虫和钟形虫都是营附着生活的纤毛虫。这些寄生虫的寄生是导致该病发生的元凶。

【症状特征】 一般幼蟹体表、鳃及附肢上附生少量这类纤毛虫时，没有明显危害，幼蟹蜕壳时，附生在蟹壳上的纤毛虫随着蜕壳被弃掉。但是当蟹体大量着生这类纤毛虫时，特别是鳃上寄生太多时，呼吸系统受到影响，蟹体行动迟钝，不摄取饲料，导致身体瘦弱，行动艰难。由于纤毛虫的着生，严重地影响呼吸，幼蟹不摄食也不活动，贴在培育池边或跳板边上，也有的长时间攀爬在水草尖端，身体日益消瘦，致使蟹体达不到蜕壳后的正常增长水平，或临近蜕壳时，由于蟹体消瘦，无力挣脱蟹壳而死。

【流行特点】 螺类、水草、水生昆虫以及鱼类都是这类纤毛虫的栖息场所，因此，此种蟹病在河蟹养殖上发病较多，在仔幼蟹培育上也比较常见。

【危害情况】 病蟹身上固着许多黄绿或棕色的纤毛状物，行动非常迟钝，反应不敏锐。

【预防措施】 ①清塘后要对池塘彻底消毒，杀灭寄生虫卵。②改善饲料的适口性。③蟹苗下塘时，可以用高锰酸钾快速消毒。

【治疗方法】①病情较轻时，用0.2mg/L硝酸亚汞杀死纤毛虫，效果较好，但易污染水质，因而可作为浸洗用药，将病蟹捞起，放入0.2mg/L的硝酸亚汞中浸洗10～15min。②用3mg/L的硫酸锌全池泼洒，效果很好，12h后换水。③用8mg/L的高锰酸钾全池泼洒，或用0.25～0.6mg/L的孔雀石绿溶液全池泼洒，8～12h后再换水。④用50mg/L的福尔马林或30mg/L的新洁尔灭溶液全池泼洒，18～24h后换水。

**3. 水肿病**

【病原病因】幼蟹培育池换水量少且换水周期长，消毒不力，导致池水过肥，水中含氧量及pH降低，均可导致该病的发生。饲料中长期缺乏维生素也会发生上述疾病。

【症状特征】病蟹的头胸甲与腹脐连接处肿胀，类似河蟹即将蜕壳，体内三角膜水肿，用手轻轻压其胸甲，有少量的水向外冒，病蟹精神不好，拒食，爬行动作迟缓，终因呼吸困难窒息而死，死亡前大多离群爬至浅滩处。

【流行特点】水温长期在20℃左右时此病流行。

【危害情况】危害严重时可造成幼蟹的死亡。

【预防措施】①夏季应加高水位并保持清新的水质，尽可能降低养殖池的水温，以减少死亡率。②多种些水草可减轻病症。③在饲料里添加复合维生素及维生素C。

【治疗方法】①发现水肿病时，连续换水2次。②全池泼洒漂白粉2mg/L。③全池泼洒生石灰20～25mg/L。④用土霉素、痢特灵拌饵投喂，每千克幼蟹用量为土霉素0.25g、痢特灵0.01g，连喂3天。⑤用0.2%的氟哌酸拌饵投喂治疗，疗程为20天左右。

**二 幼蟹虫害的特点及防治**

**1. 老鼠**

【病原病因】在生产上，鼠害已成为河蟹成蟹阶段的主要敌害生物。

【症状特征】池塘养蟹面积小，河蟹密度高，腥味重，极易引来老鼠，造成鼠害。老鼠常在河蟹夜间活动期间出来寻食，对河蟹进

行突然袭击，也有的在河蟹刚蜕壳或蜕壳后数天内抵抗能力低时被老鼠蚕食。此外老鼠也可在穴居的洞中攻击河蟹。

【流行特点】一年四季均可发生。

【危害情况】直接咬噬吞食河蟹，导致河蟹的死亡，造成严重后果。

【预防措施】养蟹池中央的蟹岛应浸没水中，养蟹池防逃墙内外四周的杂草必须清除干净，以防止老鼠潜伏和栖居。

【治疗方法】①用溴敌隆等鼠药放在池四周及防逃墙外侧定期灭鼠。②平时巡塘时注意挖开鼠洞。③在仔幼蟹培育池边及防逃墙外侧安放鼠笼、鼠夹、电猫等捕鼠工具捕杀老鼠。④在出池前几天，昼夜值班，重点防好鼠患。

**2. 蛙类**

【病原病因】青蛙、蟾蜍等吞食幼蟹。

【症状特征】青蛙对蟹苗和仔幼蟹危害很大。据报道，有人曾解剖 1 只体长 3.5cm 的小青蛙，胃内竟有 10 只小幼蟹，吞食幼蟹最多的 1 只青蛙胃中竟有幼蟹 221 只。

【流行特点】在青蛙的活动旺期。

【危害情况】导致幼蟹死亡，给养殖生产造成严重后果。

【预防措施】①在放养蟹苗前，供水沟渠中彻底清除蛙卵和蝌蚪。②培育池四周设置防蛙网，防止青蛙跳入池中。

【治疗方法】如果青蛙已经入池，则需及时捕杀。

**3. 水蜈蚣**

【病原病因】也称水夹子，是龙虱的幼体，它们对幼蟹造成伤害。

【症状特征】对幼蟹苗和 I 期幼蟹危害极大，直接会吞食幼蟹。

【流行特点】在 4~8 月流行。

【危害情况】直接导致幼蟹死亡。

【预防措施】在放养蟹苗前，将池底及四周彻底清洗消毒，过滤进水，杜绝水蜈蚣来源。

【治疗方法】如果池中已发现水蜈蚣，可在夜间用灯光诱捕，用特制的小捞网捕杀。

## 三 其他危害的特点及防治

### 1. 蜕壳不遂症

【病原病因】①与幼蟹蜕壳的必需物质如钙质、甲壳素、蜕壳素等浓度小有关。②细菌或病毒感染蟹的鳃、肝脏等器官，造成内脏病变。③蟹的体内蜕壳激素分泌过少。④河蟹受寄生虫感染也可导致蜕壳困难。⑤水质和底质污染。

【症状特征】病蟹常潜伏在池塘四周浅水处或水草上，头胸甲后缘与腹部交界处出现裂口，头胸甲上有明显棕色斑块点，病蟹全身发黑，因无力蜕去旧壳，导致死亡。

【流行特点】在干旱或离水时间较长环境生活的河蟹发生此病者较多。

【危害情况】轻者造成蜕壳困难，影响生长，重者会导致河蟹死亡。

【预防措施】①在幼蟹池中经常加注新水，投放少量的石灰，在投喂时添加含钙丰富的物质如钙片等。②为了增加饵料中的甲壳素和蜕壳素，在饲料中应添加含钙丰富的蛋壳粉、贝壳粉、骨粉、鱼粉等。③用甲壳动物的新鲜尸体捣碎后投入蟹池，能收到良好的效果。④当池塘底质、水质恶化时，全池泼洒池底改良活化素20kg/（亩·米）+复合芽孢杆菌250mL/（亩·米）。⑤根据河蟹的蜕壳特点及蜕壳周期设法调节好池水水质，每半月定期全池泼洒1次生物调水制剂来保持良好的水体环境。⑥河蟹蜕壳期间严禁加、换水，保持水体环境的安静。

【治疗方法】①经常加注新水，每30天全池泼洒20mg/L石灰水，或全池泼洒过磷酸钙1～2mg/L，同时在饲养中添加含钙丰富的蛋壳粉、贝壳粉、骨粉、鱼粉，几天后就可收到良好效果。②内服虾蟹宝0.5%、鱼虾5号0.1%、营养素0.8%、鳃病速克0.5%、Vc脂0.2%、肝胆双保素0.2%、盐酸环丙沙星0.05%、诱食剂0.2%，连用3～5天。③在河蟹养殖过程中用2‰～3‰河蟹蜕壳素拌饵连续投喂，促进河蟹蜕壳。

### 2. 青苔

【病原病因】主要由于水位浅、水质瘦、光照直射塘底而导致青

苔大量滋生（图7-1）。

【症状特征】青苔是一种丝状绿藻总称，常见于仔幼蟹培育池中后期即Ⅳ～Ⅵ期。新萌发的青苔长成一缕缕绿色的细丝，矗立在水中，衰老的青苔成一团团乱丝，漂浮在水面上。青苔在池塘中生长速度很快，使池水急剧变瘦，对幼蟹活动和摄食都有不利影响；同时，培育池中青苔大量存在时，会覆盖水表面，使底层幼蟹因缺氧窒息而死；青苔茂盛时，往往有许多幼蟹钻入里面而被缠住步足，以致不能活动而活活饿死。在生产实践中，若青苔较多，用捞网捞出时，可见里面

图7-1　青苔

有许多被困死的幼蟹，即使有被缠住的幼蟹侥幸逃脱，也是缺胳膊少腿，使幼蟹以后的正常活动与摄食受到了严重影响。

【流行特点】水温14～22℃最流行。

【危害情况】①青苔大量繁殖，引起水质消瘦，使水草无法正常生长。②青苔多会缠绕幼蟹，尤其是正在蜕壳的河蟹，轻者会导致幼蟹断肢，重者会导致幼蟹窒息死亡。③青苔漂浮水面，遮盖阳光，使水草的光合作用受阻，造成河蟹塘缺氧。

【预防措施】①及时加深水位，同时及时追肥，调节好水色，以降低光照直射塘底的程度。②定期追肥，使用生物高效肥水素，使池塘保持一定的肥度，透明度保持在30～40cm，以减弱青苔生长旺期必需的光照。

【治疗方法】①每立方米水体用生石膏粉80g，分3次均匀泼洒全池，每次间隔3～4天。如果幼蟹培育池中已出现较多的青苔时，用药量再增加20g，施药后加注新水5～10cm，可提高防治能力。②用硫酸铜杀死青苔，但含量必须很低，通常含量在0.02～0.05mg/L，

当达到 0.3mg/L 时，幼蟹在 24h 内虽然未死，但活动加强，急躁不安，当含量达到 0.7mg/L 时，幼蟹在 36h 内全部死亡。③可分段用草木灰覆盖杀死青苔。④在表面青苔密集的地方用漂白粉干撒，用量为每亩 0.65kg，晚上用颗粒氧，如果发现死亡青苔全部清除，然后每亩泼洒 0.3kg 高锰酸钾。

### 3. 仔幼蟹爬岸不下水

【病原病因】河蟹上岸症的发病原因主要有以下几点。

1）大眼幼体本身质量不好。人工繁殖时通过近亲交配繁殖及长期高温强化培育、出苗时淡化浓度不到位，导致其自身抗病能力减弱，再加上有些苗种本身带菌，一旦水质环境差，极易暴发河蟹上岸症。

2）病害预防意识差。在大眼幼体变态成 I～II 期幼蟹之间，水温在 16～22℃，而此时正是聚缩虫等寄生虫繁殖的最佳温度，大量的聚缩虫寄生在幼蟹鳃部，导致幼蟹呼吸不畅，纷纷上岸死亡。

3）水质环境恶劣。特别是水中 pH 偏高或偏低，氨氮及亚硝酸盐含量都严重超标时，水中有害细菌大量繁殖，导致河蟹爬上岸。

4）投喂量过多。在高温影响下，残余的饵料极易腐烂变质，败坏水质，影响河蟹栖息环境，导致幼蟹在 II 期前后上岸不下水，严重者在大眼幼体阶段就爬上岸。

5）培育池中水温较高。水温较高，一方面促使河蟹快速蜕壳，另一方面也促进病原细菌快速繁殖并侵入河蟹体内，造成幼蟹呼吸困难以及体内不适应而上岸或在水中死亡。

上述这五种情况相互促进，造成幼蟹发生上岸症。

【症状特征】在培育仔幼蟹时，II～V 期幼蟹沿培育池四周爬上岸不下水，并随后大批死亡。爬上来时总是先少后多，将上岸后的幼蟹放入水中仍见其爬上来，就是不入池。不入池的蟹会因鳃部失水而死亡，被强迫下水的蟹也会在水中窒息死亡。经镜检后未发现疾病。严重时，刚入池的大眼幼体也会发生这种情况，大眼幼体死后变成白色的尸体密密麻麻散布在池壁四周，人们形象地称之为"种白芝麻"。幼蟹爬上岸的时间主要发生在晚上至天亮尤其是黎明前更多。幼蟹开始急躁不安，到处爬动，至凌晨 4：00～5：00 最为严重，天亮太阳出来后，大部分幼蟹会自动爬进池内，但仍然聚集在水草上，久不入水的

幼蟹会很快失水而死亡，死亡时身体干枯、黄褐色。

【流行特点】①此病最先在辽宁发现，后来在全国各地培育池中均普遍发生。②早晨4：00左右发生最严重。

【危害情况】死亡率高达95%以上，给养殖户带来惨重的损失。

【预防措施】①及时培育大眼幼体及幼蟹喜食的天然饵料，提高幼蟹体质。在购苗前5~7天，每亩用500kg牛粪或300kg人粪尿经腐熟后泼洒或堆放，也可每亩施10kg尿素、5kg过磷酸钙，施用有机肥和无机肥的目的是培肥水质，培育大眼幼体及幼蟹喜食的天然活饵，减少人工投喂量。②适度放养，加强养殖管理。幼蟹培育池通常采用土池，面积以150m²为宜，放养蟹苗2~2.5kg。蟹苗池中要投放适量的浮萍、水花生等水生植物，它不仅是河蟹栖息、隐藏、攀附、蜕壳的场所，而且还可提供部分饵料，同时也起到澄清水质的作用，一般水草面积控制在池面积的30%~45%为宜。③调控水质，保持较好的生存环境。蟹苗对水质要求比较高，为使幼蟹顺利生长，就应做到保持水质清、新、肥、嫩、活、爽，透明度30~50cm，pH在7.5左右，溶氧保持在5mg/L以上。掌握科学换水方法，前期水温低，换水次数少，一般3~5天左右换水1次，随水温上升换水次数应相应增加，换水前最好有预热水，换水时间定在中午11：00至下午14：00为宜，换水量宜控制在水体的1/4~1/3，而且换水时的温差不得超过3℃。④科学投喂，控制投喂量，防止败坏水质，减少人为污染。在大眼幼体变态成Ⅰ期幼蟹期间，蟹苗基本不摄食，而是沿池边狂游，此时宜控制投喂量，防止败坏水质，投喂量占蟹体重的2%~5%；其他各期投喂量维持在蟹体重的10%~15%；集中变态期间不投喂；投喂应遵循"全池泼洒均匀、少量多次"的原则；每天及时清除残饵，减少水质污染。

【提示】 蟹苗刚入池时，水位在40~50cm，随着幼蟹的生长，水位宜适当增加，每期变态后水位增加5~10cm。

【治疗方法】①如果是聚缩虫等寄生虫感染时，可用含量为0.25~0.4mg/L的硫酸铜全池泼洒。②立即处理水质，及时换冲预热水，同时加入光合细菌，改善水质，添加光合细菌的含量为 30mg/L。③使用虾蟹康 5mg/L 全池泼洒，先加 10 倍水煮沸 30min 后，连药渣带水全池泼洒。④在蟹苗入池的第二天可用 5mg/L 的福尔马林溶液全池泼洒，8h 后换水。⑤发病时，可用 30mg/L 的福尔马林溶液全池泼洒，6h 后换水，投喂时加入 0.5% 的蟹康宁投喂。

## 第五节　河蟹幼蟹至成蟹阶段的病虫害防治

### 一　幼蟹至成蟹阶段病害的特点及防治

**1. 黑鳃病**

【病原病因】是由细菌引起的。成蟹养殖后期，水质恶化，是诱发该病的主要原因。

【症状特征】初期病蟹部分鳃丝变暗褐色，随着病情的发展，全部变为黑色。病蟹行动迟缓，呼吸困难，出现叹气状。

【流行特点】主要流行季节为夏、秋季。

【危害情况】①主要危害成蟹，常发生于成蟹养殖后期。②发病率 10%~20%，死亡率较高。

【预防措施】①保持水质清洁，夏季要经常加注新水。②发病季节每半月用芳草蟹平、芳草灭菌净水威或芳草灭菌净水液全池泼洒 1 次。

【治疗方法】外用芳草蟹平全池泼洒，同时内服烂鳃灵散＋三黄粉＋芳草多维，连用 3~5 天。

**2. 烂鳃病**

【病原病因】该病由细菌感染引起，水质恶化、底质腐败、长期投喂劣质饵料是诱发该病的主要原因。

【症状特征】发病初期河蟹鳃丝腐烂多黏液，部分呈暗灰色或黑色，病重时鳃丝全部变为黑色。病蟹行动迟缓，鳃已失去呼吸功能，导致死亡（彩图 7-2）。

【流行特点】①主要发生在高温季节。②水质浑浊、透明度低的恶化池塘容易发病。

【危害情况】轻者影响河蟹的生长，严重的则直接导致河蟹的死亡。

【预防措施】①放养前，彻底清塘，清除塘底过多的淤泥。②保持良好的养殖环境，可将生物肥水宝配合养水护水宝全池泼洒。③夏季要经常加注新水，保持水质清新。若水源不足，可将降解底净和粒粒氧全池干洒。

【治疗方法】①用肠鳃宁杀灭水体中的病原体，每天 1 次，连用 2 次。②将病蟹置于 2～3mg/L 的恩诺沙星粉溶液中浸洗二三次，每次 10～20min。

### 3. 蟹奴

【病原病因】由蟹奴寄生于蟹体腹部引起，蟹奴体呈扁平圆形，乳白色或半透明。

【症状特征】蟹奴幼虫钻进河蟹腹部刚毛的基部，生长出根状物，遍布蟹体外部，并蔓延到躯干及附肢的肌肉、神经和生殖器官，以吸收河蟹的体液作为营养物质，使河蟹生长缓慢。被蟹奴大量寄生的河蟹，其肉恶臭，不能食用，被称为"臭虫蟹"。

【流行特点】①在全国河蟹养殖区均有发生。②从 7 月开始发病率逐月上升，9 月达到高峰，10 月以后逐渐下降。③如果将已经感染蟹奴的河蟹移至淡水（或海水）中饲养，蟹奴只形成内体和外体，不能繁殖成幼体继续感染。

【危害情况】①含盐量较高的咸淡水池塘中尤以在滩涂养殖的河蟹发病率特别高。②在同一水体中，雌蟹的感染率大于雄蟹。③一般不会引起河蟹大批死亡，但会影响河蟹的生长，使河蟹失去生殖能力，严重感染的蟹肉有特殊味道，失去食用价值。④蟹奴寄生时，河蟹的性腺遭到不同程度的破坏，雌雄难辨。

【预防措施】①用漂白粉、福尔马林等在投放幼蟹前严格清塘，杀灭蟹奴幼虫。②在蟹池中混养一定数量的鲤鱼，利用鲤鱼吞食蟹奴幼虫。③有发病预兆的池塘，立即更换池水，加注新水。

【治疗方法】①经常检查蟹体，把已感染蟹奴的病蟹单独取出，可抑制蟹奴病的发展与扩散。②用 0.7mg/L 的硫酸铜和硫酸亚铁（5∶2）合剂泼洒全池消毒。③用 10% 的食盐水浸洗病蟹 5min，可以杀死蟹奴。④发病时用纤毛虫净或纤虫灭浸洗病蟹 10～20min。⑤将甲壳净或纤虫灭全池泼洒，杀灭寄生的蟹奴。

#### 4. 纤毛虫病

【病原病因】病原是纤毛动物门、缘毛目、固着亚目的许多种类，其中对蟹形成病害的主要有聚缩虫，此外还有钟虫、单缩虫、累枝虫，腹管虫或间隙虫也是其病原之一。放养密度大，池水过肥，长期不换水，水质不清新，水中有机含量过高及携带纤毛虫的蟹种都是导致该病发生的原因。

【症状特征】纤毛虫在河蟹幼体上寄生时，常分布在头胸部、腹部等处，抱卵蟹的卵粒上纤毛虫也可寄生。在体表可看见大量绒毛状物，手摸有滑腻感。幼体被寄生的病蟹全身被黄绿色或棕色，行动迟缓。蟹幼体正常活动受到影响，摄食量减少，呼吸受阻，蜕皮困难，引起幼体的大量死亡。成体病蟹鳃部、头胸部、腹部和 4 对步足附生大量纤毛虫，导致死亡。患病河蟹反应迟钝，常滞留在池边或水草上（彩图 7-3）。

【流行特点】①水温在 18～20℃ 时极易发生流行。②我国河蟹养殖区都有此病发现。③危害河蟹幼体及成蟹，幼蟹尤易患此病。

【危害情况】①对幼苗池的河蟹幼体危害较大，一旦纤毛虫随水流进育苗池，即会很快在池中繁殖，造成幼蟹的大量死亡。②病蟹一般在黎明前后死亡。③成蟹受此病感染后，即使不死亡，也会影响其商品价值。④因其发病周期长，累积死亡量大。

【预防措施】①保持合适的放养密度。②经常更换新水或加注新水，也可使用降解底净或氧化净水宝，保持水质清洁，并投喂营养丰富的饲料，促进蜕壳。③在蟹种入池前，用 5% 的食盐水浸洗河蟹 5min。

【治疗方法】①排除旧水，加注新水，每次更换 1/3 水量，每亩每次泼洒生石灰 15kg，连续 3 次，使池水透明度在 40cm 以上。②用 0.5%～1.25% 福尔马林浸洗病蟹 1～2h。③用 5～10mg/L 的福尔马林全池泼洒一两次。④虾蟹平 500g/（亩·米）或芳草纤灭 50g/（亩·米），连用 3 天，3 天后全池泼洒一次芳草菌敌 200g/（亩·米）。⑤内服虾蟹蜕壳平 500～750g/100kg 饲料，以促进蜕壳。⑥在水温 23～25℃ 时，用 5% 的新洁尔灭原液稀释为 0.67% 的药液浸浴，30～40min 可以杀死大部分幼体身上的纤毛虫。⑦发病时用纤毛虫净、纤虫灭或

甲壳净全池泼洒，杀灭寄生虫。⑧疾病控制后，应泼洒菌毒清或颗粒型二溴海因（或颗粒型溴氯海因），以防伤口被细菌侵袭，造成二次感染。

### 5. 水霉病

【病原病因】属河蟹的霉菌病，是由水霉菌的侵入而发病的。因运输或病害发生使蟹受伤，导致水霉孢子侵入造成。它的发生与水温低、水质不清新、蟹体受伤有关。

【症状特征】河蟹受伤后，伤口周围生有霉状物，蟹卵表面或病蟹体表和附肢上，尤其是伤口上出现灰白色棉絮状病灶，伤口部位组织溃疡，病蟹行动迟缓，食欲减退，身体瘦弱，因蜕壳困难而死亡。

【流行特点】①从蟹卵、幼体到成蟹均会被该病感染。②任何养蟹地区均可发生。

【危害情况】①该病发病率较高，影响河蟹生长和存活。②蟹卵与幼体发病易造成大量死亡。

【预防措施】①在捕捞、运输、放养过程中应谨慎操作，勿使河蟹受伤。②在河蟹蜕壳前，增投一些动物性饲料，促使其蜕壳。③育苗期间，要保护水质的清新，注意保温。④在拉网、放苗或天气骤变时将应激消全池泼洒。⑤放苗前，将蟹苗放在高聚碘溶液中浸浴 10～20min。

【治疗方法】①用3%食盐溶液浸洗 5～10min。②全池泼洒水霉净 1 袋/（亩·米），连用 3 天。③患病后，将水霉灵拌饵内服或用 30～40℃温水浸泡水霉灵 1h，全池泼洒。

### 6. 水肿病

【病原病因】该病是由河蟹腹部受伤被病原菌寄生而引起的。

【症状特征】病蟹肛门红肿，腹部、腹脐以及背壳下方肿大呈透明状，病蟹匍匐池边，活动迟钝或不动，拒食，最终在池边浅水处死亡（彩图7-4）。

【流行特点】①夏、秋季为其主要流行季节。②主要流行温度是 24～28℃。

【危害情况】①主要危害幼蟹、成蟹。②发病率虽不高，但受感染蟹的死亡率可达60%以上。

【预防措施】①在养殖过程中，尤其是在河蟹蜕壳时，尽量减少对它们的惊扰，以免受伤。②夏季经常向蟹池添加新水，投放生石灰（每亩每次用10kg），连续3次。③多投喂鲜活饲料和新鲜植物性饵料。④在拉网、天气骤变时，可用应激消提高蟹抗应激能力。⑤经常添加新水，可将养水护水宝与双效利生素配合使用，改善水环境。

【治疗方法】①用菌必清或芳草蟹平全池泼洒，同时内服鱼病康散或芳草菌灵。②饲料中添加含钙丰富的物质（如麦粉、贝壳粉），增加动物性饲料的比例（可捣碎甲壳动物的新鲜尸体，投入蟹池），一般3~5天后收到良好的效果。③发病时全池泼洒海因宝或菌氮清，每天1次，连用2天。

### 7. 颤抖病

别名：抖抖病。

【病原病因】该病可能由病毒和细菌引起，不洁、较肥、污染较大的水质以及河蟹种质混杂或近亲繁殖，放养密度过大，规格不整齐，河蟹营养摄取不均衡等，易发此病。

【症状特征】在发病初期，病蟹食欲减弱，摄食减少或基本不摄食，行动缓慢，活动能力差，白天贴泥栖息或打洞穴居，晚上在水边慢慢爬行或挺立草头；病症严重的河蟹在晚上用步足腾空支撑整个身躯趴在岸边或挺立在水草头上直至黎明，甚至白天也不肯下水，口吐泡沫，见了动静反应迟钝；步足无力，大部分河蟹步足爪尖呈红色，极易从底节处脱落，而且步足肌肉较软，弹性强，蟹农称之为"弹簧爪"；检查蟹体，可见蟹体基本洁净，身体枯黄，鳃丝颜色呈棕黄色，少部分伴随黑鳃、烂鳃等病灶，前肠一般有食，死蟹食量较少，大部分死蟹躯壳较硬，唯有前侧齿处呈粘连状、较软，在头胸甲与腹部连接处出现裂痕，无力蜕壳或蜕出部分蟹壳而死亡，少部分河蟹刚蜕壳后，甲壳尚未钙化时就死亡，一般并发纤毛虫、烂鳃、黑鳃、肠炎、肝坏死及腹水病。

【流行特点】①该病流行季节长，通常在5~10月上旬，8~10月是发病高峰季节。②流行水温为25~35℃。③沿长江地区，特别是江苏、浙江等省流行严重。

【危害情况】 ①对河蟹危害极大，发病较快，病蟹死亡率高，对药物敏感性高。②主要危害 2 龄幼蟹和成蟹，当年养成的蟹一般发病率较低。③发病蟹体重为 3～120g，100g 以上的蟹发病率最高。④一般发病率可达 30%以上，死亡率达 80%～100%。⑤从发病到死亡往往只需 3～4 天。

【预防措施】 应坚持预防为主、防重于治、防治结合的原则，做到以生态防病为主，药物治疗为辅。

1) 苗种预防，切断传染源。蟹农在购买苗种时，选择健壮的蟹种进行养殖，提高蟹种的免疫力，既不要在病害重灾区购买大眼幼体、扣蟹，也不要在作坊式的小型生产厂家购苗；养殖户要尽量购买适合本地养殖的蟹种，最好自培自育 1 龄扣蟹，放养的蟹种应选择肢体健壮、活动能力强、不带病原体及寄生虫的蟹种；同一水体中最好一次性放足同一规格同一来源的蟹种，杜绝多品种、多规格、多渠道的蟹种混养，以减少相互感染的概率；蟹种入池时要严格消毒，可用 3%～5% 的食盐水溶液消毒 5min 或含量为 15mg/L 的福尔马林溶液浸洗 15min。

2) 将养蟹的池塘进行技术改造。使进排水实现两套渠道，互不混杂，确保水质清新无污染；每年成蟹捕捞结束后，清除淤泥，并用生石灰彻底清塘消毒，用量为 100kg/亩，化水后趁热全池泼洒，以杀灭野杂鱼、细菌、病毒、寄生虫及其卵茧，并充分曝晒池底，促进池底的有机物矿化分解，改良池塘底质，在消毒的同时也可提供钙离子，促进河蟹顺利蜕壳，快速生长（彩图 7-5）。

3) 池塘需移植较多的水生植物。如轮叶黑藻、苦草、菹草、柞草、水花生、水葫芦、紫背浮萍等，并采取措施防止水草老化、腐烂。

4) 积极推行生态养蟹措施。推广稻田养蟹、茭白养蟹、莲田养蟹、种草养蟹的技术，营造适应河蟹生长的生态因子，利用生物间的相互作用预防蟹病；在精养池塘内推行鱼蟹混养、鱼蟹轮养、鱼虾蟹综合养殖技术，合理放养密度，适当降低河蟹产量，以减轻池塘的生物负载力，减少河蟹自身对其生存环境的影响和破坏；适度套养滤食性鱼类如花白鲢和异育银鲫，以清除残饵，净化水质。

5）在精养池中投放一定量的光合细菌，使其在池塘中充分生长并形成优势种群。光合细菌可以促进分解、矿化有机废物，降低水体中硫化氢、氨气等有害物质的浓度，澄清水质，保持水体清新鲜嫩；光合细菌还能有效地利用生物间的拮抗作用来抑制病原微生物的生长发育而达到预防蟹病的效果。

6）合理营养。饲料生产厂家在生产优质、高效、全价的配合饲料时，不但要合理营养配比，而且要科学组方营养元素，并根据河蟹不同生长阶段、各种水体的养殖模式、水域的环境而采取不同的微量元素添加方法，满足河蟹生长过程中对各种营养元素和各种微量元素的需求，确保在饲料上能起到增强体质、提高抗病免疫能力的作用；在投喂时要注意保证饲料新鲜适口，不投腐败变质饲料，并及时清除残饵，减少饲料溶失对水体的污染；合理投喂，正确掌握"四定"和"四看"的投喂技术，充分满足河蟹各生长阶段的营养需求，增强机体免疫力。

【治疗方法】①定期用芳草蟹平或菌必清全池泼洒消毒。定期内服活性蒜宝（1%）、保肝促长灵（0.5%）、多维（1%）混合拌料投喂，每天一两次，连喂3～5天。②外用芳草蟹平全池泼洒，连用3天，同时内服芳草菌威和三黄粉，连用5～7天。病症消失后再用一个疗程，以巩固疗效。③菌必清全池泼洒，隔天再用1次，同时内服芳草菌威和三黄粉，连用5～7天。病症消失后再用1个疗程，以巩固疗效。④用高聚碘或海因宝杀灭水体中的病原体，每天1次，连用2次。⑤将生物肥水宝配合养水护水宝全池泼洒。⑥在饲料中添加三林合剂＋Vc钠粉＋诱食灵，连用5～7天；病蟹不吃食，可把三林合剂＋Vc钠粉化水全池泼洒。

### 8. 步足溃疡病

别名：烂肢病。

【病原病因】由捕捞、运输、放养过程中受伤或生长过程中被敌害或同类致伤，感染病菌所致。

【症状特征】步足出现橘红色或棕黑色斑块，表壳组织溃疡下凹，并向壳内组织发展形成洞穴状，严重时步足的指节和其他节烂掉，头胸部、背腹面出现棕红色小孔，鳃丝发黑，活动迟缓，摄食

量减少甚至拒食，因无法蜕壳而死亡（彩图7-6）。

【流行特点】①在河蟹的生长期间都能发生。②蜕壳过程中受到敌害侵害时容易发生。

【危害情况】轻者影响河蟹的活动，重则导致河蟹死亡。

【预防措施】①运输、放养时操作要轻，减少机械损伤，以免被细菌感染，放养前用5%的食盐水溶液浸洗5～10min。②做好清塘工作，用水体消毒净或菌氮清全池泼洒，做好预防工作。

【治疗方法】①用1mg/L的土霉素或呋喃西林全池泼洒。②每千克饲料加3～6g土霉素和磺胺类药制成药饵投喂，7～10天为1个疗程。③一旦发病，可用海因宝或灭菌特全池泼洒，以杀灭水体中的病原菌。④拌饵内服恩诺沙星＋应激消或水产高效维生素C，促进伤口愈合，增强体质，提高抗病、抗逆能力。

**9. 甲壳溃疡病**

别名：腐壳病、褐斑病、甲壳病、壳锈病。

【病原病因】该病的病原是一群能分解几丁质的细菌如腐败梭菌、假单胞菌、气单胞菌、螺菌、黄杆菌等。因机械损伤以及营养不良和环境中存在某些重金属的化学物质造成河蟹上表皮破损，使分解几丁质能力的细菌侵入外表皮和内表皮而导致该病发生。

【症状特征】病蟹步足尖端破损，成黑色溃疡并腐烂，然后步足各节及背、胸板出现白色斑点，斑点中部凹下，形成微红色并逐渐变成黑褐色溃疡斑点，这种黑褐色斑点在腹部较为常见，溃疡处有时呈铁锈色或被火烧状。随着病情发展，溃疡斑点扩大，互相连接成不规则状的大斑，中心部溃疡较深，甲壳被侵袭成洞，可见肌肉或皮膜，造成蜕壳未遂而导致河蟹死亡（彩图7-7）。

【流行特点】发病率与死亡率一般随水温的升高而增加。

【危害情况】①溃疡病蟹还可能被其他细菌或真菌感染。②导致河蟹死亡。

【预防措施】①夏季经常加注新水，保持水质清新，可将降解底净＋粒粒氧全池泼洒，改善水环境。②在河蟹的捕捞、运输与饲养过程中，操作要细心，防止其受伤。③用生石灰清塘，在夏季用15～20mg/L的生石灰全池泼洒，半月1次。④饲料营养要全面，水质避免受重金属离子污染。⑤每月全池泼洒 1 次漂白粉，用量为 500g/（亩·米）。⑥彻底清塘，使池塘保持 10～20cm 的软泥。

【治疗方法】①发病池用 2mg/L 漂白粉全池泼洒，同时在饲料中添加金霉素 1～2g/kg 饲料，连续 3～5 天为 1 个疗程。②重病蟹要立即除掉，防止疾病蔓延。③发病池塘全池泼洒含量为 8% 的二氧化氯，用量为 100～125g/（亩·米）。④内服虾蟹多维宝 200g + 板蓝根大黄散 100g 拌饲 40kg，连喂 7 天。⑤发病池用菌毒清 II 全池泼洒，每天 1 次，连用 2 天，以防继发感染。

**10. 河蟹肠炎病**

【病原病因】因河蟹摄食过多或摄入不新鲜的饲料或感染上致病细菌而引起。

【症状特征】病蟹刚开始时食欲旺盛，肠道特粗，隔几天后病蟹摄食减少或拒食，肠道发炎、发红且无粪便，有时肝、肾、鳃也会发生病变，有时则表现出胃溃疡且口吐黄水。打开腹盖，轻压肛门，有时有黄色黏液流出。

【流行特点】①所有的河蟹均可感染。②在所有的养殖区域都有发病可能。

【危害情况】①影响河蟹的摄食，从而影响河蟹的生长。②导致河蟹死亡。

【预防措施】①投喂新鲜饵料，可将百菌消或病菌消等拌饵投喂，提高蟹抗病能力，减少发病率。②要根据河蟹的习性来投喂，饵料要多样性、新鲜且易于消化，投喂要科学性，要全池均匀投喂。③将水体消毒净或海因宝或肠鳃宁全池泼洒，杀灭病原菌，改善养殖环境。④在饲料中经常添加复合维生素（$V_C + V_E + V_K$）、免疫多糖、葡萄糖等，增强河蟹的抗病能力。⑤定期用生物制剂改良底质和水质，合理、灵活地开启增氧机，保持池水"肥、活、爽"。

【治疗方法】①在饵料中拌服肠炎消或恩诺沙星，3～5 天为 1 个疗程。②在饲料中定期拌服适量大蒜素或复方恩诺沙星粉或中药菌毒杀星，5～7 天为 1 个疗程。③池塘底质、水质恶化时全池泼洒池底改良活化素 20kg/（亩·米）+ 复合芽孢杆菌 250mL/（亩·米）。④内服虾蟹宝 0.5%、鱼虾 5 号 0.1%、营养素 0.8%、$V_C$ 脂 0.2%、

肝胆双保素 0.2%、盐酸环丙沙星 0.05%、诱食剂 0.2%，连用 3～5 天。⑤外用泼洒二溴海因 0.2mg/L 或聚维酮碘 250mL/（亩·米）。

## 11. 肝脏坏死症

【病原病因】因养殖池塘水瘦、饵料腐败、施肥过多、氨氮超标、亚硝酸盐超标、硫化氢超标以及有害蓝藻类引起。加上嗜水气单胞菌、迟钝爱德华氏菌、腐败梭菌侵染所致。

【症状特征】病蟹甲壳有一点黑，不清爽，甲壳肝区、鳃区有微微黄色；腹脐颜色与健康蟹无异，腹脐基部有的呈黄色；肛门无粪便，腹脐部肠道有的有排泄物、有的没有。腹部内都有积水现象，积水多少根据病变由轻到重而逐渐增多，积水颜色也随着由浅向深变化。肝脏有的呈灰白色如臭豆腐样；有的呈黄色如坏鸡蛋黄样；有的呈深黄色，分解成豆渣样。病蟹一般伴有烂鳃病。肝病中期，掀开背壳，肝脏呈黄白色，鳃丝水肿呈灰黑色且有缺损。肝病后期，肝脏呈乳白色，鳃丝腐烂缺损（彩图 7-8）。

【流行特点】①各河蟹养殖区都有发病。②高温季节更易发生。

【危害情况】①肝脏病变一直是引起河蟹死亡的一个重要原因。②即使河蟹不死亡，但生长也缓慢，这就是我们所称的懒蟹。③对所有的蟹都有危害。

【预防措施】①水质恶化或池底污泥偏多时，应将强力污水净＋降解底净＋粒粒氧配合使用，改善水质，改良池塘底质。②合理投肥、培养水草、促进螺蛳生长和抑制青苔等有害藻类。③多品种搭配新鲜饲料。

【治疗方法】①在饲料中拌服十味肝胆清或肝康 5～7 天，杀灭体内致病菌，同时添加水产高效维生素 C 或电解维他，维护营养均衡，以改善内脏生理功能，促进内脏修复。②1m 水深的池塘每亩先用水体解毒剂 1.5kg，第二天用黑金素 1kg，第三天用生物益水素 500g；同时内服药饵，每千克饲料添加维生素 C10g、连根解毒散 20g、生物糖原 10g、大蒜素 3g，连喂 5～7 天。③在饲料中拌服复方恩诺沙星粉或中药三黄粉 5～7 天，杀灭体内致病细菌。④在饲料中拌服蟹用多维 5～7 天，维护营养均衡，促进肝脏修复。⑤在池塘中泼洒菌毒清或颗粒型溴氯海因（或颗粒型二溴海因）1 次，杀灭水环境中的细菌。

## 12. 软壳病

【病原病因】①投喂不足或营养长期不足，使河蟹长期处于饥饿状态。②池塘水质老化，有机质过多，或放养密度过大，从而引起河蟹的软壳病。③河蟹缺少钙及维生素，导致蜕壳后不能正常硬化。④受纤毛虫寄生的河蟹有时也可发生软壳病。

【症状特征】患病蟹的甲壳薄，明显柔软，不能硬化，与肌肉分离，易剥离，体色发暗；病蟹行动迟缓，不吃食。

【流行特点】所有的河蟹都能被感染。

【危害情况】蟹的生长速度受到影响，体长明显小于同批正常蜕壳的河蟹。

【预防措施】①适当加大换水量，改善养殖水质。②供应足够的优质饲料，平时在饲料中添加足量的磷酸二氢钙。③施用复合芽孢杆菌 250mL/（亩·米），促进有益藻类的生长，并调节水体的酸碱度。

【治疗方法】①发现软壳蟹，可捡起放在桶中暂养 1~2h，待其吸水涨足能自由爬行时再放入原池。②全池泼洒硬壳宝一两次，补充钙及其他矿物质的含量。③在饲料中拌服蟹用多维，连服 5~7 天，以完善河蟹营养，促进钙的沉积。④施用复合芽孢杆菌 250mL/（亩·米），促进有益藻类的生长，并调节水体的酸碱度。

## 二 常见虫害的特点及防治

常见虫害主要有水蜈蚣、青蛙、老鼠、鸟类等，对蜕壳前后的河蟹有较大的危害。

具体的预防措施和疾病治疗与前文所述一致。

## 三 其他危害的特点及防治

### 1. 蜕壳不遂症

【病原病因】①投喂的人工饵料中，饲料营养不均衡，长期缺乏钙、磷等微量元素、甲壳素、蜕壳素等，造成河蟹生理性蜕壳障碍。②蟹池长期不换水、残饵过多、水质浓、有机质含量高、纤毛虫及病菌大量滋生，河蟹受寄生虫感染，导致蜕壳困难。③病菌侵染蟹

的鳃、肝脏等器官，造成内脏病变，无力蜕壳而死亡。④河蟹体内β-蜕壳激素分泌过少。

【症状特征】病蟹行动迟钝，往往步足腾空，在蟹的头胸部、腹部出现裂痕，无力蜕壳或仅蜕出部分蟹壳，病蟹背甲上有明显的斑点，全身变成黑色最终死亡。在池水四周或水草上常可以发现患此病的蟹。

【流行特点】①在河蟹的生长旺季容易发生。②个体较大的成蟹以及干旱或离水的蟹也易患此病。

【危害情况】①可导致河蟹死亡。②刚越冬后的扣蟹在第一次蜕壳时能大量死亡。

【预防措施】①生长季节定期泼洒硬壳宝，增加水体钙、磷等微量元素，平时每15天使用1次。②蜕壳期间严禁加换水，不用刺激性强的药物，保持环境稳定。③改善营养，补充矿物质，饲料中添加适量蜕壳素及贝壳粉、骨粉、鱼粉等含矿物质较多的物质，增加动物性饲料的比例（占总投喂量的1/2以上），促进营养均衡是防治此病的根本方法。④定期泼洒15～20mg/L的生石灰和1～2mg/L的过磷酸钙，生石灰要兑水溶化后再泼洒。⑤在养蟹池中栽植适量水草，便于河蟹攀援和蜕壳时隐蔽。⑥投喂区和蜕壳区要严格分开，严禁在蜕壳区投放饲料，以保持蜕壳区的安静。

【治疗方法】①在蟹蜕壳前2～3天全池泼洒硬壳宝，补充钙、磷等矿物质，同时在饵料中添加虾蟹蜕壳素，促进蟹蜕壳同步，以免互相残杀。②为了保持水中高溶氧，确保河蟹正常蜕壳，需使用颗粒氧。③平时在饲料中添加河蟹复合营养促进剂及蜕壳素，促进营养均衡；疾病发生时在饲料中拌服三黄粉。

## 2. 上岸不下水症

【病原病因】①由水质不良引起。在养殖过程中，剩余饲料、动植物尸体、死亡藻类、高密度蟹的生理排泄物等有机物质在水中不断积累，会产生大量的氨氮、亚硝酸盐、硫化氢等有害物质，抑制蟹的呼吸，从而引起蟹的不适，使蟹不愿下水。②由营养不均衡，缺乏必需的维生素、微量元素引起。③由细菌、病毒感染而引起的，如杆菌类、腐败梭菌类、假单胞菌类等病菌（图7-2）。

【症状特征】病蟹爬在岸边、水草或树根上，反应迟钝，行动缓慢，呼吸困难且摄食减少，螯足无力，体表与附肢有滑腻感，长时间不下水。

【流行特点】在河蟹的生长周期都有发生。

【危害情况】轻者影响河蟹的生长，重则导致河蟹死亡。

【预防措施】①加强投喂管理，合理放养，保持良好的水质，经常适量换水或定期使用降解底净＋粒粒氧、养水宝等改善调节水质。②应投喂全价配合

图7-2　河蟹上岸不下水

饲料，在日常管理中拌饵投喂电解维他或百菌消或水产高效维生素C等，补充蟹机体所必需的维生素、微量元素等营养物质。③进水前测定进水口的水质指标，水质指标波动幅度太大一定要调整后再进水。

【治疗方法】①发病时用海因宝或水体消毒净全池泼洒2次。②如果有少量寄生虫，先用甲壳净、纤毛虫净等全池泼洒，隔日再用海因宝或水体消毒净全池泼洒，可明显减少该病发生率。

### 3. 性早熟

【病原病因】①种源遗传原因，育苗场为了追求利润，在购置亲蟹中为了省钱，买50～70g的小老蟹作亲本。②池水过浅、水草少，导致生长积温过高，河蟹性腺提前发育。③养殖过程中营养过剩，主要是前期动物蛋白饲料摄入过多，体内营养过剩。④水质不良，表现在盐度偏高、水质过肥、有害因子超标等。⑤育苗采用高温、高药、高密度，严重损害蟹苗健康，培育过程中有效积温增加，导致种质退化。⑥由生产中滥用促生长素和蜕壳素之类的药物造成的。⑦其他原因如河蟹生长期水温高、土壤和水中的盐分含量高、水质过肥、pH高等均可导致性早熟。

【症状特征】幼蟹尚未长大，性腺已趋成熟，不再生长，规格一般在10～40g，雄蟹螯足绒毛变黑变粗，雌蟹腹脐长圆，边缘长出黑

色刚毛，第二年不再蜕壳生长。如果继续养殖会因蜕壳困难而大量死亡。商品价值极低，俗称"小绿蟹"。

【流行特点】在河蟹的生长周期里都能流行。

【危害情况】死亡率很高，可达100%。

【预防措施】①进行种质改良，培育优良品种，在繁殖时要选用野生湖泊、水库中的天然雌雄蟹作亲本。②池塘中栽种挺水植物和浮水植物，面积占整个池塘的1/3～1/2，如芦苇、苦草及水花生，有利于控制水温，保持水质清爽，降低养殖积温。③适当增加蟹苗放养密度，降低蜕壳速度，等蟹苗变成仔蟹时，再根据仔幼蟹的实际情况适当增减其数量，调整其密度。④调整饵料结构：在培育扣蟹的整个过程中，蟹种的饵料结构要坚持"两头精中间粗"的原则。⑤降低池塘水温：蟹塘应尽量选在有丰富水资源的地方，便于在高温季节补充水，提高水深；每天上午9：00至下午4：00，不停地向塘中注水，使之形成微流水，利用流水降低水的温度；栽植水生植物庇荫，降低水温。适当加深养殖池的水位，以水深适当控制水温升高，蟹沟的水深要保持在70cm以上，尽量使塘水的温度保持在20～24℃，以延长蟹种的生长期，降低性早熟蟹种的比例。

【治疗方法】①在蟹种培育阶段，饵料投喂坚持以植物性饵料为主、动物性饵料为辅的原则，同时配合使用蜕壳素。②使用光合细菌来改善水质。

### 4. 中毒

【病原病因】池塘水质恶化，产生氨氮、硫化氢等大量有毒气体毒害幼蟹；清塘药物残渣，过高浓度用药，进水水源受农田农药或化肥、工业废水污染，重金属超标中毒；投喂被有毒物质污染的饵料；水体中生物（如湖靛、甲藻、小三毛金藻）所产生的生物性毒素及其代谢产物等都可因起河蟹中毒。

【症状特征】河蟹活动失常，背甲后缘与腹部交接处胀裂出现假性蜕壳，鳃丝粘连呈水肿状，或河蟹的腹脐张开下垂，肢体僵硬，步足撑起或与头胸甲分离而死亡。死亡肢体僵硬、拱起，腹脐离开，胸板下垂，鳃及肝脏明显变色。

【危害情况】①全国各地均有发生。②死亡率较高。

【预防措施】①在河蟹苗种放养前，彻底清除池塘中过多的淤泥，保留 15～20cm 厚的塘泥。②采取相应措施进行生物净化，消除养殖隐患。③清塘消毒后，一定要等药残完全消失后才能放养河蟹苗种，最好使用生化药物进行解毒或降解毒性后进水。④严格控制已受农药（化肥）或其他工业废水污染过的水进入池内。⑤投喂营养全面，投喂新鲜的饵料。⑥池中栽植水花生、聚草、水浮莲等有净化水质作用的水生植物，同时在进水沟渠也要种上有净化能力的水生植物。

【治疗方法】一旦发现河蟹有中毒症状时，首先进行解毒，可用各地市售的解毒剂进行全池泼洒来解毒，然后再适当换水，同时拌料内服大蒜素和解毒药品，每天 2 次，连喂 3 天。

## 第六节　幼蟹生长停滞的原因及防治措施

在培育仔幼蟹过程中，由于种种原因，在最终干塘起捕时，常出现部分个体偏小，生长的不平衡现象，似乎是永远长不大的幼蟹。这些幼蟹多为Ⅳ～Ⅵ期的幼蟹，其个头大约只有Ⅲ期幼蟹一样大小，与同期的幼蟹相比，它们的体色更深、呈棕黑色，甲壳较小、近方形，步足无力、相当纤弱，活动能力差，摄食较少，常常在培育池的底部或淤泥处打洞栖居，样子很懒，俗称"懒蟹"。

### 一　幼蟹生长停滞的原因

#### 1. 培育池内溶氧偏低

仔幼蟹对水体的溶氧要求较高，一般要求高于 5mg/L 为好。当水体中溶氧量低于 4mg/L 或更少时，幼蟹会大批沿边爬上岸（有防逃设施的则群聚在防逃设施底部），时间一长，有少数幼蟹因鳃部失水而死亡，部分幼蟹寻找打洞的场所，并能适应在岸上洞穴里生活，不再进行正常的摄食与活动，由于岸上食物少，上岸后的河蟹因缺少营养而影响生长，从而形成"懒蟹"。水草丰富的培育池会发现许多幼蟹爬上水草呼吸空气中的氧，一旦水体溶氧充足时，它们可以自由下水活动，并不影响生长。实践证明，在培育仔幼蟹时，池水中的溶氧往往成为幼蟹变态与生长的制约因子，溶氧不足时，便会导致"懒蟹"的形成，故在培育仔幼蟹时，应密切注意池水中溶氧的变化以及幼蟹活动的变化，一旦发现幼蟹沿池边爬动或到水草上呼吸，需立即开动增氧机增氧或生物增氧。

**2. 饵料不足或投喂不均匀**

在日常投喂中，有时会出现饵料不新鲜、投喂量不足或者投喂不均匀的现象，这样会造成部分幼蟹吃不到饵料，为了生存，时间一长，个体规格差异就增大，小的河蟹就会很少活动，总是待在池底，这些自然形成"懒蟹"。

**3. 放苗密度过高**

培育仔蟹的经济效益较高，单位面积效益较好。如果进行幼蟹培育，当投放蟹苗密度过高时，这些幼蟹喜欢集群，多集中在一起抢食，一旦饵料不充足、水质控制不好时，造成部分小蟹觅不到饵料，使争食力强的幼蟹迅速长大，而争不到饵料的幼蟹个体长不大，而产生"懒蟹"。

**4. 水位变动太大**

河蟹在正常情况下，常打洞于"潮间带"，洞口在水面上，洞底略低于水面，有少量水。如果幼蟹培育池的水位忽高忽低，河蟹的穴洞也就随之变动。当水位上升时，有些河蟹在水面附近打洞穴居，一旦水位下降时，它们来不及向下迁移，久而久之，便穴居洞中，摄食不足，形成了懒蟹。

**5. 生态条件差**

培育幼蟹的生态条件不能满足河蟹生长的需要，例如水中无水生植物，不适合河蟹的隐居穴洞的生活，破坏它的正常生活而造成懒蟹的形成。

**二 懒蟹的预防**

**1. 保持水质清新、溶氧充足**

在仔幼蟹进入Ⅲ期以后，力争每天中午换水（蜕壳高峰期可除外）1次，每次换水时最好掌握在上午11:00左右向外排水，排去池水的1/4～1/3，再向内注水，进水后水位基本保持平齐，不要有大的波动。如果夜里发现缺氧情况，应及时改用增氧剂或起动增氧机进行增氧（图7-3）。

**2. 适当控制放养密度**

放养密度过小，经济效益跟不上来，但一味追求高密度养殖，则易导致"懒蟹"的形成，因此，蟹苗的放养密度应视各自的技术水平、管理水平而定。

**3. 增加水草覆盖率**

仔幼蟹培育池水草覆

图7-3 正在增氧

盖率应保持在35%～40%，最好达50%，这样既可为幼蟹提供植物性饵料，又可以为仔幼蟹的栖息生长创造一个良好的生态环境，此外水草的光合作用还可以增加水体的溶氧。

**4. 保证饵料的量与质的供应，做到计划投喂**

仔幼蟹的饵料应以鲜活的动物性饵料为主，各期的投喂方法、投喂时间、投喂量均不同。每天的投饵量及动植物蛋白质的配比应视各期仔幼蟹的生长情况而定，做到有计划投喂。投喂时间宜放在傍晚，便于幼蟹的夜间觅食活动。投喂时最好要分散，多设几个投喂点，防止饵料过分集中，造成强的争食力强，弱的因争食力小影响个体生长，以保证幼蟹生长发育所需的营养需求，减少"懒蟹"的形成。

**5. 专池培养**

如果发现培育池中"懒蟹"较多时，除采取上述积极措施外，在起捕幼蟹时，将"懒蟹"全部取出，放在面积适宜的水泥池中专门饲养。集中饲养"懒蟹"的水泥池，要求水质良好，挂吊的水草要新鲜茂盛，进排水便利，并要多投喂些蛋白质含量较高的饵料，还要适当加一些蜕壳素，以保证其顺利蜕壳生长，经过1个半月的科学强化饲养，可将它们放入大塘中正常饲养。

**6. 改善水域条件**

定期施用生石灰或帮助改善水质的生化药物，保持水质清新，及时清除残饵和排泄物，防止污染水体，使溶解氧保持在5mg/L以上。

**7. 水位保持相对的稳定**

在幼蟹的培育时，要保持培育池里的水位相对稳定，在进行换冲水时，要缓慢进行，每次换水量和排水量要基本相当，不能出现水位忽高忽低的情况。

### 三 懒蟹的养殖

一旦养殖池中出现了懒蟹，许多养殖户是不愿意将它们直接弃之不要的，那么就可以采取一些措施来养殖，但总的来说，效果不是太好。

**1. 建立精养蟹池，集中养蟹**

如果池塘里的懒蟹较多时，可以建立一个小的精养蟹池，也可以用水泥池，有助于懒蟹放弃继续打洞的念头。将懒蟹集中在一起，确保水质良好，进、排水方便。

**2. 增加投喂，强化培育**

首先要满足懒蟹的摄食需要，在懒蟹"穴居"附近投喂。投喂优质饵料，最好是特制的饵料，这种饵料可适当多加一些诱食剂，以引诱它出洞觅食，增强体质，逐渐加快生长。同时这些饵料中还要适当多添加一些贝壳粉、禽蛋壳、鱼粉、骨粉、离子钙或蜕壳素，以促进懒蟹的蜕壳生长。

**3. 及时分养**

如果是由于幼蟹密度过高、饵料不足引起的懒蟹，根据情况及时将池里的幼蟹分养出去，保证它们在良好的条件下继续生长。分养时，最好使同一池塘里分养的规格尽量一致，起到同步生长的效果。

**4. 适时施肥**

在幼蟹培育期间，适时施用磷肥、钾肥，增加水体中磷、钾等元素，满足河蟹对多种微量元素的营养需求。

**5. 改生食为熟食投喂**

如果没有投喂专门的颗粒饵料，可以将投喂的各种原粮充分浸泡、煮熟后，进行投喂，有利于河蟹消化吸收，从而增加体内的代谢，促进蜕壳和生长。

## 第七节　蜕壳与管理

在培育仔幼蟹时，大眼幼体需经一次蜕皮后才能变态成 I 期幼蟹，从 I 期幼蟹培育成 V ~ VI 期幼蟹则要经过四五次蜕壳才能完成。蜕壳（皮）不仅是幼蟹发育变态的一个标志，也是其个体生长的一个必要的步骤，这是因为河蟹是甲壳类动物，身体有甲壳包裹，只有随着幼体的蜕皮或仔幼蟹的蜕壳，才能发生形态的改变和体型的增大。

### 一　蟹苗的蜕皮和幼蟹的蜕壳

河蟹的蜕壳是伴随着它的一生的，没有蜕壳就没有河蟹的生长。由于 I 期幼蟹之前的河蟹各生长期身体都比较软，还没有形成厚厚的壳，而过了 I 期幼蟹后，它的体表上就出现了厚厚的坚硬的壳，因此我们一般把 I 期幼蟹前的蜕壳称为蜕皮，而 I 期幼蟹后的蜕壳则称为蜕壳。

大眼幼体在蜕皮之前会有一些征兆出现，当发现后期的大眼幼体只能作爬行，丧失了游泳能力时，这是即将蜕皮变态成 I 期幼蟹的征兆，这种蜕皮过程必须在放大镜下才能看得清楚。大眼幼体在蜕去旧皮之前，柔软的新皮早已在老的皮层下面形成了。蜕皮时，先是体液浓度的增加，新体的皮层与旧体的皮层分离，在头胸甲的后缘与腹部交界处发生裂缝，新的躯体就从裂缝处蜕出来。在蜕皮时，通过身体各部肌肉的收缩，腹部先蜕出，接着头胸部及其附肢蜕出。刚蜕皮的幼蟹，由于身体柔软，组织大量吸收水分，体型显著增大，但活动能力很弱，常仰卧水底，有时长达一昼夜，待嫩壳变硬后，才能运动。

幼蟹的蜕壳比较容易看到，每蜕一次壳，身体就长大一些。在幼蟹蜕壳之前，身体表面就显出一些征兆，主要在腕节和长节之间出现一些皱纹。幼蟹蜕壳时，通常潜伏在水草丛中，不久在头胸甲与腹部交界处产生裂缝，并在口部两侧的侧线处也出现裂缝，头胸甲逐渐向上耸起，裂缝越来越大，束缚在旧壳里的新体逐渐显露于壳外，接着腹部蜕出，最后额部和螯足才蜕出。幼蟹在蜕去外壳的

第七章　河蟹的病虫害防治

同时，它的内部器官，如胃、鳃、后肠以及三角膜也要蜕去几丁质的旧皮，就连胃内的齿板与栉状骨也要更新。另外，蟹体上的刚毛也随着旧壳一起蜕去，新的刚毛将由新体长出。

## 二 河蟹蜕壳的分类

总的来说河蟹的蜕壳可分为生长蜕壳和生殖蜕壳两类。

### 1. 生长蜕壳

1）正常蜕壳：河蟹的一生，从溞状幼体、大眼幼体、幼蟹到成蟹，要经历许多次蜕壳。幼体每蜕一次皮就变态一次，也就分为Ⅰ期。从大眼幼体蜕皮变为第Ⅰ期仔蟹始，以后每蜕一次壳它的体长、体重均作一次飞跃式的增加，从每只大眼幼体6～7mg的体重逐渐增至250g的大蟹，至少需要蜕壳数十次，因此，河蟹蜕壳是贯穿整个生命的重要生理过程，是河蟹生长、发育的重要标志，每次蜕壳都是河蟹的生死大关。幼蟹蜕壳一次，体长、体宽也增大一次，例如，一只体宽2.8cm、体长2.5cm的幼蟹，蜕一次壳，体宽可增大到3.5cm，体长可增大到3.4cm（彩图7-9）。

2）应激蜕壳：这是一种非正常蜕壳，也是临时性的蜕壳，主要原因是河蟹受到气候、环境的变化而产生的一种应激性反应，另外用药、换水等都会刺激蜕壳。

### 2. 生殖蜕壳

这是河蟹为了完成生殖活动而进行的一次蜕壳，发生在每年的9～10月中旬，由黄壳蟹蜕变成青壳蟹就是生殖蜕壳，这也是河蟹一生中最后一次蜕壳。

## 三 蜕壳保护的重要性

河蟹只有蜕壳才能长大，蜕壳是河蟹生长的重要标志，它们也只有在适宜的蜕壳环境中才能正常顺利蜕壳。在蜕壳时它们要求浅水、弱光、安静、水质清新的环境和营养全面的优质适口饲料。当然，蜕壳并不限于在水中进行，仔蟹、蟹种和成蟹蜕壳有时也离开原来的栖息隐藏场所，选择比较安静而可以隐藏的地方蜕壳，例如通常潜伏在盛长水草的浅水里进行。如果不能满足上述生态要求，河蟹就不易蜕壳或造成蜕壳不遂而死亡。

幼蟹正在蜕壳时，常常静伏不动，如果受到惊吓或者蟹壳受伤，那么蜕壳的时间就会大大延长，如果蜕壳发生障碍，就会引起死亡。河蟹蜕壳后，皱折在旧壳里的新体舒张开来，机体组织需要吸水膨胀，体型随之增大，此时其身体柔软无力，活动能力较弱，螯足绒毛粉红，俗称软壳蟹（彩图7-10）。它们需要在原地休息40min左右，才能爬动，钻入隐蔽处或洞穴中，1~2天后，随着新壳的逐渐硬化，才开始正常的活动。由于河蟹蜕壳后的新体柔软，活动能力很弱，无摄食与防御能力，因此这个时候极易受同类或其他敌害生物的侵袭。所以说，每一次蜕壳，对河蟹来说都是一次生死难关。

> ⟶ 【提示】 每一次蜕壳后的40min，河蟹完全丧失抵御敌害和回避不良环境的能力。在人工养殖时，促进河蟹同步蜕壳和保护软壳蟹是提高河蟹成活率的关键技术之一，也是减少疾病发生的重要举措。

### 四 影响河蟹蜕壳的因素

影响河蟹蜕壳的因素有很多，包括水温、饲料、生长阶段等。在长江口区的自然温度条件下，出膜的第Ⅰ期溞状幼体要发育到大眼幼体，需30~40天，而在人工育苗条件下，在水温23℃左右、饲料丰富的情况下，第Ⅰ期溞状幼体经过20~30天即可变成大眼幼体。大眼幼体放养以后，在20℃的水温条件下，3~5天即可蜕皮一次变为第Ⅰ期仔蟹，以后每间隔5~7天，可相继蜕壳发育成第Ⅱ期、第Ⅲ期仔蟹。随着身体的增大，蜕壳间隔的时间也会逐渐延长。

> ⟶ 【提示】 如果饲料供应不足、水温下降、生态环境恶化也会影响河蟹的蜕壳次数。因此，即使在同一单位、同样条件繁殖同一批蟹苗，放养条件不同，到收获时往往会有很大的个体差异。

### 五 蜕壳难和壳软的原因

我们在养殖过程中，常常会发现有些河蟹会出现蜕壳难、蜕下

的壳很软的现象，甚至在蜕壳过程中就会死亡。造成蜕壳难和壳软的原因有很多，主要有以下几点：①养蟹池的水质恶化，表现在旧壳仅蜕出一半就会死亡或蜕出旧壳后身体反而缩小；②河蟹的喂食方面出现问题，要么是投喂饲料不足导致河蟹长期处于饥饿状态，要么是投喂的饲料质量差，含钙低或原料质量低劣或变质，从而导致河蟹摄食后不足以用来完成蜕壳行为；③由于河蟹的放养密度过大、过密，造成河蟹相互间的残杀、互相干扰而延长蜕壳时间或蜕不出壳而死亡；④在蜕壳时发生水温突变，主要是发生在早春的第一次蜕壳时，这时的低温会阻碍蜕壳的顺利进行；⑤在养殖过程中乱用抗生素、滥用消毒药等，从而影响了蜕壳或产生不正常现象；⑥光照太强或水的透明度太大，水清澄到底，也会影响河蟹的蜕壳正常进行；⑦池水 pH 高和有机质的含量下降，水和饲料中钙磷含量偏低，造成河蟹体内缺少钙源，使甲壳钙化不足而导致蜕壳变难；⑧纤毛虫等寄生虫寄生在河蟹的甲壳表面，影响了河蟹的蜕壳。

## 六 确定河蟹蜕壳的方法

要想对蜕壳蟹进行有效的保护，就必须掌握河蟹蜕壳的时间和规律，本书就介绍几种实用的确定河蟹蜕壳的方法，供养殖户参考。

### 1. 看空壳

在河蟹养殖期间，要加强对池塘的巡视，主要是多看看池塘蜕壳区、浅水的水草边和浅滩处是否有蜕壳后的空蟹壳，如果发现有空壳出现，就表明河蟹已开始蜕壳了。

### 2. 检查河蟹吃食情况

河蟹总是在蜕壳前几天吃食迅猛，目的是为后面的蜕壳提供足够的能量，但是到了即将蜕壳的前一两天，河蟹基本上不吃食。如果在正常投喂后，发现近两天饲料的剩余量大大增加，在对河蟹检查后并没有发现蟹病发生，也没有出现明显的水质恶化时，那就表明河蟹即将蜕壳。

### 3. 检查河蟹体色

蜕壳前的河蟹壳很坚硬，体色深，呈黄褐色或黑褐色，步足硬，腹甲黄褐色的水锈也多。而蜕壳后,河蟹体色变得鲜亮清淡,腹甲白色,无水锈,步足柔软。

### 4. 看河蟹规格大小

定期用地笼对河蟹进行捕捞检查,如果在生长检查时,捕出的群体中,大部分的河蟹规格差不多,比较整齐是正常的,如果发现了体大、体色浅的河蟹,则表明河蟹已开始蜕壳了。这是因为河蟹蜕壳后壳长比蜕壳前增大20%,而体重比蜕壳前增长了近1倍。

### 七 河蟹的蜕壳保护

河蟹在蜕壳的进程中和刚蜕壳不久,尚无御敌能力,是生命中的危险时刻,养殖过程中一定要注意这一点,设法保护软壳蟹的安全。

1)为便于加强对蜕壳蟹的管理,应通过投喂、换水等措施,促进河蟹群体统一蜕壳。

2)为河蟹蜕壳提供良好的环境,给予其适宜的水温、隐蔽场所和充足的溶氧,池水不可灌得太多,因为水位深,蟹体承受压力大,会增加河蟹蜕壳的困难,所以在建池时留出一定面积的浅水区,或适当留一定的坡比,以供河蟹蜕壳。

3)放养密度合理,放养大小一致,以免因密度过大而造成河蟹相互残杀。

4)投喂区和蜕壳区必须严格分化,严禁在蜕壳区投放饲料,蜕壳区如果水生植物少,应增投水生植物,并保持安静。

5)每次蜕壳来临前,不仅要投含有钙质和蜕壳素的配合饲料,力求同步蜕壳,而且还必须增加动物性饵料的数量,使动物性饵料比例占投喂总量的1/2以上,保持饵料的适口和充足,以避免因饲料不足而残食软壳蟹。

6)河蟹蜕壳时喜欢在安静的地方或者隐蔽的地方,因而在大批量河蟹蜕壳时,需有足够的水草,可以临时提供一些水花生、水浮莲等作为蜕壳场所,保持水位稳定,一般无须换水,减少投喂,减少人为干扰,并保持安静,应尽量少让人进入池内,也少用捞网打苗检查,更不能让鹅、鸭等家禽进入培育池,以免使河蟹蜕壳受惊,引起死亡。

7）在清晨巡塘时，发现软壳蟹，可捡起放入水桶中暂养 1~2h，水桶内可放入适量的离子钙或蜕壳素，用水化开，待河蟹吸水涨足，能自由爬动后，再放回原池。有条件的地方，可以收取刚蜕壳的河蟹另池专养。

8）河蟹在蜕壳后蟹壳较软，需要稳定的环境，此时不能施肥、换水，饲料的投喂量也要减少，以观察为准。待蟹壳变硬，体能恢复后出来大量活动，沿池边寻食时，可以大量投喂，以强化河蟹的营养，促进生长。

——第八章——
# 养 殖 实 例

## 实例1　池塘高效养殖河蟹

江苏省高邮市王某利用池塘养殖大规格成蟹，取得了很好的成果，平均亩产河蟹63.5kg，亩利润为3210元。他的主要做法如下。

### 1. 池塘条件

精养蟹池一口，面积20亩，以东西向长方形为好，水源充足，水质清新，水草丰富，附近无工业污染和生活废水水源，注排水方便，池埂坚固，无渗漏，池埂坡比1:(2~3)，淤泥不超过25cm，并配备排灌设施和防逃设施。

考虑到河蟹攀爬十分迅速，有很强的逃逸能力，王老板在蟹池四周建了防逃设施。选用抗氧化能力强的钙塑板，沿池埂四周内侧埋设，钙塑板高60~80cm，埋入土内10~20cm并压实，高出地面50~60cm，板与板之间的接头处紧密，不留缝隙，将板打孔后用细铁丝拧紧固定并稍向池内倾斜，四角做成圆弧形。这种防逃设施能抗住较大的风灾袭击，是当前河蟹养殖户广泛使用的一种防逃设施。此外，在塘埂外侧，用高1.2~1.5m的木桩或竹桩，底部埋入土内10cm，再在木桩或竹桩上固定聚乙烯网片，确保网片能包围池塘四周，以防老鼠、青蛙、鸭子等敌害生物跳入池内。蟹池进排水口还应用铁丝网拦好，以防蟹外逃。

### 2. 放养前准备

**（1）池塘修整及消毒**　2011年冬天结合冬季干塘，清除塘内杂

草和池底淤泥，修坡护埂，曝晒 15～20 天后，每亩用 100kg 生石灰加水调配成溶液后全池泼洒，进行清塘消毒，杀灭野杂鱼和一切敌害生物，同时能改善池底土质和增加水中的钙含量，促进河蟹的生长发育。

**（2）移植水草**　栽植水草是河蟹养殖过程中的重要环节，是一项不可缺少的技术措施。在 2012 年 2 月 25 号开始种植水草复合型，水草品种选择伊乐藻、苦草和轮叶黑藻等，浅坡处种植伊乐藻，深水处种植轮叶黑藻和苦草，滩地上移植一些芦苇、香蒲等挺水植物，水草的行间距为 1m×1m，3～5 株为一束插入泥里 3～5cm，留在水中 15～20cm，种植面积占全池的 40% 左右。

**（3）注水施肥**　水草种植结束后施肥培育饵料生物，从附近养鸡场拉来经过发酵的熟鸡粪，投施量为 1t/亩左右，一次施足。

**（4）投放螺蛳**　螺蛳价格较低，来源广泛，活螺蛳肉味鲜美，是河蟹喜食的天然饵料。在河蟹养殖池塘中适时适量投放螺蛳让其自然繁殖，有利于降低成本、增加产量、改善品质，从而达到生态高效养殖之目的。清明节前后，投放螺蛳 240kg/亩，让其自然生长繁育，为河蟹提供喜食的动物性饵料。

水草和螺蛳不仅对池塘水质具有净化作用，而且它们均是河蟹喜食的动植物饲料。

**3. 蟹种放养**

放养时池水控制在 50cm，每亩放养 500 只，规格为 100～120 只/kg，要选择规格整齐、体表鲜亮、体质健壮、附肢完整、无病无伤的长江水系中华绒螯蟹蟹种，蟹种放养前先用 15～20mg/L 的高锰酸钾溶液浸洗 20～30min 后，投放到蟹池暂养区内（一般是先用网片把 1/5 池塘面积隔开作暂养区）待水温上升、水草长出 5 叶 1 心后再拆除暂养区的网片。

**4. 饲养管理**

**（1）饲料投喂**　全年每亩投喂配合饲料 190kg。坚持"荤素搭配、精青结合"的原则和"四定""四看"的科学投喂方法。做到"两头精、中间青"，在养殖的前后期，以动物性饵料和植物性精料为主。养殖中期以植物性精料和青绿饲料为主。动物性饵料包括野杂鱼、螺蛳肉等，植物性精料包括小麦、玉米、豆粕等，青绿饲料包括水草、马铃薯、山芋、南瓜等，一般日投喂量控制在蟹体重的5%~10%。每天投喂2次，上午8：00~9：00投喂日投喂量的1/3，下午16：00~17：00投余下的2/3，一般以2~3h吃完为宜。饲料要新鲜适口，营养较为全面，腐败变质的饲料要禁用，易于引起水质变坏的饲料要慎用。

**（2）水质调控**　河蟹对水质条件要求较高，要保持水质的清新和足够的溶氧，一般初期每7~10天换水1次，每次注水10cm。6月每次注水20cm，水位升至1.2m。7~9月3~5天换水1次，每次注水30cm，水位控制在1.5m左右。10月以后水位控制在1.2m左右，整个养殖期池水透明度应保持在35~50cm为好。另外，可使用光合细菌等微生物制剂来调节水质。

**（3）定期巡塘**　每天坚持早、中、晚巡塘三次，注意防逃、防盗，观察水质、水温的变化，观察河蟹的摄食活动情况，如果发现异常，及时调整河蟹投喂量和养殖管理措施。

**（4）病害防治**　养殖期间要坚持"以防为主、防治结合"的方针，每半个月使用20mg/L生石灰化水全池泼洒1次；高温季节用溴氯海因等全池泼洒。

**5. 成蟹捕捞**

2012年11月10号开始捕捞成蟹，采用一边排水或一边抽水一边用网簖捕捉的方法，待池水抽干、河蟹也捕得差不多了，剩余部分干塘捕捉，一些隐蔽较深的河蟹，到夜晚爬出，用手电照着捕捉。共捕获河蟹1271kg，平均规格为160g/只，回捕率为79.3%，平均亩产河蟹63.5kg，共创产值12.35万元，扣除苗种费、饲料费、电费、药费、池租费等共盈利6.46万元，亩利润为3210元。

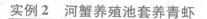

**实例2　河蟹养殖池套养青虾**

安徽省滁州地区某河蟹养殖示范户潘某在河蟹养殖池中套养青虾，从200多亩蟹塘中收获青虾获得11万元，自繁河蟹苗获得26万元，出售成品蟹获得57万元，每亩纯收入3200元。他的主要做法如下。

### 1. 池塘条件

潘某的 200 多亩水面共有 11 口池塘，大小相近，平均每口池塘 20 亩，水深 1.2m 左右，坡比 1：3。

### 2. 清池

清池前将水排至仅剩 10～20cm。可用生石灰、茶籽饼、鱼滕精或漂白粉进行消毒，将它们化水后均匀洒于池面、洞穴中。具体的药物用量及使用方法请见前文。清淤后，保持池塘淤泥 5cm 深。

### 3. 微孔增氧设施的安装

供气管架设在池塘中间，高于池水最高水位 10～25cm，南北向贯穿于整个池塘。在供气管两侧间隔 8～10m 水平设置一条微孔管，微孔管一端接在总供气管上，另一端延伸到离池埂 1m 远处，并用竹桩将微孔管固定在高于池底 10～15cm 处（图 8-1）。

图 8-1　微孔增氧

### 4. 做好防逃设施

池塘四周要有两道坚固的防逃设施，第一道用铁丝网及聚乙烯网围住，第二道安装塑料薄膜。也可用盖塑板或防逃网做成防逃设施。

### 5. 培养饵料生物

为解决河蟹和青虾的部分生物饵料，促其快速生长，清池后进水 50cm，施肥繁殖饵料生物。无机肥按氮磷比 3：1 投放，在一个月内每隔 5 天施 1 次，具体视水色情况而定，有机肥每亩施腐熟鸡粪 35～50kg。使池水呈黄绿色或浅褐色，透明度以 30～50cm 为宜。

### 6. 养殖环境的营造

配备良好的池塘生态环境，大量种植水草，蟹池的水草以伊乐藻为主，采用切茎分段扦插，每亩用草量 10～15kg，行间距 5～6m，全池栽插，并在伊乐藻中间搭配种植轮叶黑藻、苦草等其他沉水植

物。全池水草覆盖率保持在 40% 左右。清明前后，每亩投放活螺蛳 200 ~ 250kg，7 ~ 8 月，可补放 150 ~ 200kg/亩。

### 7. 苗种放养

潘某将长江水系河蟹作为亲本，然后送到江苏赣榆一家蟹苗繁育场进行专门的繁殖，给厂家带费用，繁育的大眼幼体，全部取回家培养 2 龄幼蟹，从而建立自己的蟹种培育基地，走自育自养之路，不但满足了自己的养殖需求，还供应了其他养殖户，获得了不少的收益。实践证明，自己培育的蟹种，成蟹养殖回捕率可达 75% 以上，比外购种可高出 30%。3 月放养河蟹，规格为 100 ~ 120 只/kg，每亩放养 600 只。早在 1 ~ 2 月亩放养 800 ~ 1200 只/kg 青虾苗 5 ~ 6kg，5 ~ 6 月陆续起捕上市，可亩产青虾 15kg。然后再接着投放第二茬青虾苗，亩放量规格为 1000 ~ 1200 只/kg 的青虾苗 5kg。

### 8. 饲料投喂

先投喂河蟹饲料，再投喂青虾饲料，让河蟹吃饱了就不会再骚扰青虾的吃食了，确保河蟹、青虾正常摄食。

以投喂河蟹的饲料为主，宜使用高品质的河蟹专用颗粒饲料，采用"四看、四定"方式，确定投喂量，生长旺季的投喂量可占河蟹体重的 5%~8%，其他季节的投喂量为河蟹体重的 3%~5%，每天投喂量要根据当天水温和上一天摄食情况酌情增减，定点投喂在岸边和浅水区，投喂时间定在每天傍晚时分。

由于青虾摄食能力比河蟹弱，可以吃河蟹剩余的饲料，能清扫残量，这样做的好处是：一方面可防止败坏水质，另一方面可有效地利用饵料，只需要投喂少量配合饲料就可以了。

### 9. 饲养管理

（1）**水质管理** 做好水质控制和调节，要求水体溶氧保持在 5mg/L 以上，池水透明度 40cm，pH 7.5 左右，氨氮 0.1mg/L。春季每月换水 1 次，夏秋季一般 5 ~ 7 天注水 1 次，高温季节每天注水 10 ~ 20cm，特别是在河蟹蜕壳期更应每天注水。3 ~ 5 月水位 0.5 ~ 0.6m，6 ~ 8 月水位 1.2 ~ 1.5m，如果遇高温季节须适当加深水位，9 ~ 11 月稳定在 1 ~ 1.2m。每半个月每亩用生石灰 10kg 调节水质，增加水中钙离子，满足河蟹蜕壳需要。

（2）**增加溶解氧**　在养殖过程中，要防止缺氧。青虾和河蟹对池水缺氧都十分敏感，因此在高温季节，每隔一周左右应注水 1 次，使水质保持"肥、活、爽"。在河蟹与青虾快速生长的阶段，根据池塘情况适时增氧，正常天气一天开微孔增氧机 4h，闷热天气可开机增氧 7h。

（3）**防病治病**

1）坚持生态调节与科学用药相结合，积极采取清塘消毒、种植水草、自育蟹种、科学投喂、调节水质等技术措施，预防和控制疾病的发生。

2）注重微生态制剂的应用，每 10~15 天用光合细菌（PSB）、EM 原露等生物菌全池泼洒，改善水质，同时用生物底质改良剂改良蟹池底质。

3）做好疾病防治工作，在养殖期间从 6 月开始每月用 0.3mg/L 强氯精全池泼洒 1 次。

4）在梅雨季节结束高温来临之前，扑杀纤毛虫，并进行水体消毒和内服药饵。同时，加强饲料投喂量，增强河蟹体质和抗病能力，确保河蟹顺利度过增重育肥期。

**10. 捕捞上市**

冬季轮养的青虾，在 4 月中旬即可用地笼捕捉上市。成蟹捕捞一般在 10~11 月，待基本捕捞结束时再进行干塘。

---

### 实例 3　河蟹池塘混养龙虾

湖北省洪湖市某河蟹养殖合作社于 2011 年进行了河蟹与龙虾生态健康养殖模式的试验，取得了良好的经济效益。平均亩产龙虾 145kg，河蟹 120kg，亩产值 7030 元，每亩纯利 4650 元。他们的做法如下。

**1. 池塘环境条件**

池塘面积 15 亩，水深 1.5m，要求水源充足，水质清新、无污染，池底平坦，底质以沙石或硬质土底为好，无渗漏，进排水方便，池塘建有独立的进排水系统，进、排水口应用双层密网罩住，防止蟹、虾、鱼外逃，同时也能有效地防止蛙卵、野杂鱼卵及幼体进入

池塘危害蜕壳虾蟹；为了防止夏天雨季冲毁堤埂，可以开设一个溢水口，溢水口也用双层密网过滤，防止幼虾幼蟹乘机顶水逃走。另外还要求池塘的电力配套完备、交通便利、环境安静，配备2kW的增氧机1台。

**2. 放养前的准备**

**（1）清塘消毒** 利用冬闲季节干塘，2010年12月15号将池塘中杂草清除、淤泥清出并冻晒20天左右。清整并加固塘埂，使池塘具有能保持水深1.5m以上的能力。然后，每亩用生石灰100kg化浆全池泼洒进行清塘，并随即均匀翻耙底泥。最后放水，用5～6kg二氧化氯兑水全池泼洒消毒。

**（2）防逃设施** 河蟹、龙虾具有较强的逃逸能力，因此，在池塘四周建防逃设施是必不可少的一环。采用密眼麻布网加塑料薄膜作为防逃设备可起到较好效果，防逃网布选择宽度为1.2m的麻布，用直径为5mm的聚乙烯绳作为上纲，缝在网布的上缘，缝制时纲绳必须拉紧，针线从纲绳中穿过。选取长度为1.8m的木桩或毛竹，削掉竹节、毛刺，沿池埂将桩打入土中50～60cm，桩间距3m左右，并使桩与桩之间呈直线排列，池塘拐角处呈圆弧形。将网的上纲固定在木桩上，使网高保持不低于50cm，网的下缘埋入土中，形成平整的网墙。在网的上部缝上厚塑料薄膜，宽度为35cm，形成倒檐，以虾蟹逃不出为准。

**（3）生物饵料培育** 待清塘药物的药性消失后，注水施肥培育饵料生物。施用发酵好的鸡粪150～200kg/亩，一次施足。

**3. 水草栽培**

以种植伊乐藻、轮叶黑藻、苦草为主，水草面积占全池面积的60%～70%，水草不足，要及时补充，水草过密，要人工割除，以确保养殖池塘有足够的受光面积。要保证蟹池中水草的种植量，水草覆盖面积要占整个池塘面积的50%以上，只有这样才可将河蟹和龙虾相互之间的影响降到最低。

**（1）伊乐藻** 2011年2月18日，开始浅灌池水，将伊乐藻带茎植体切成小段，长度为15～20cm，每平方米3～5株插栽。

**（2）轮叶黑藻** 2011年3月25日前后，水温上升至10℃以上

时便可播种，播种前用池水浸种 3~5 天，洗尽种粒外皮，加少许细沙土兑水搅匀全池撒播，每亩用种量为 150~250g，半个月左右开始发芽。冬季采收轮叶黑藻冬芽投放在虾池至第二年春季水温上升时亦能萌发并长成新的植株。

**4. 投放螺蛳**

在 2011 年的清明前投放鲜活螺蛳，每亩 100~200kg。到 7 月，再补充投放一次螺蛳，投放量为 100kg/亩左右。

**5. 苗种投放**

虾、蟹、鳜、鲫鱼苗种的投放可参照表 8-1 进行。虾、蟹、鳜、鲫鱼苗种放养前应进行消毒，可用 10g/m³ 高锰酸钾配成溶液浸泡苗种 10~20min。

表 8-1　虾、蟹、鳜、鲫鱼苗种投放标准

| 投放品种 | 投放时间 | 投放规格 | 每亩投放数量 | 质量要求 | 每亩收获产量/kg |
|---|---|---|---|---|---|
| 河蟹 | 3 月底前 | 140~200 只/kg | 400~600 只 | 体色鲜亮，无残无病，活动力强，无第二性征 | 150 |
| 龙虾 | 10 月 5 日 | 10~15cm/尾 | 40~60kg | 体色正常，附肢完整，无病无伤 | 150 |
| | 4 月 21 日 | 3~4cm/尾 | 80~100kg | | |
| 鳜鱼 | 6 月 10 日 | 5cm/尾 | 不投饵料鱼10~15 尾 | 体质健壮，无病无伤 | 10 |
| | | | 投饵料鱼15~25 尾 | | |
| 鲫鱼 | 3 月 10 日 | 50g/尾 | 3~5kg | 体质健壮，无病无伤 | 15 |

**6. 饲养管理**

**（1）水深调节**　2011 年 5 月以前水温较低时，水宜浅，水深可保持在 50cm，利于水温快速提高，促进小龙虾和河蟹蜕壳生长。以

后随着水温升高，水深应逐渐加深至 1.5m，可在池塘底部形成相对低温层。

**（2）施追肥** 在水草生长期内，若池塘缺磷，应每隔 10 天左右施 1 次磷肥，每次每亩 1.5kg，同时兼有培育浮游生物作用。

**（3）饲料投喂** 龙虾的饲料以泡好的小麦、新鲜的瓜果、蔬菜、土豆等植物性饲料为主，适当补投些动物内脏。河蟹放养后，宜投喂新鲜鱼、螺肉等精饲料，辅以投喂土豆、黄豆等植物性饲料，投喂量占河蟹体重的 5% 左右，随着河蟹的生长和水温的增高，投喂率也要相应增加，高温季节投喂以 2～3h 吃完为度。在投放鳜鱼夏花10～15 天内，须同时向池塘中投放饵料鱼（鲢、鳙和鲫鱼夏花），规格为鳜鱼体长的 1/3～1/2，投放密度为每亩 5000 尾左右。

**（4）水质调节** 水质管理是病害防治的关键技术。在高温季节，要勤开增氧机，多换新水，每 5～7 天加水或换水 1 次，每次 10cm，每 15～20 天施用 EM 菌或底质改良剂 1 次，改良水质，预防疾病。也可以每隔 15～20 天每亩用生石灰 10～15kg 兑水泼洒，调节水质。

**7. 捕捞销售**

对于龙虾的捕捞要采用轮捕的方式，从 2011 年 4 月 20 号开始用虾箨或地笼捕捞规格达到 10cm 以上的龙虾上市，6 月底要将龙虾尽量捕完。进入 9 月 20 日后，用地笼等渔具将河蟹捕捞上市。10 月后，可干塘将剩余的河蟹一次性捕捞上市，鳜鱼可上市或转塘待售。捕捞的结果表明，这种混养方式的效益非常好，平均亩产龙虾145kg，河蟹 120kg，亩产值 7030 元，每亩纯利 4650 元。

# 附　　录

## 附录 A　养蟹三字经

河蟹热，全国养　　有人赢，有人伤　　如何养，细思量
三字经，帮尔忙　　规律循，科学讲　　技术精，可推广。

### 地

养大蟹，面积广　　大水面，围拦养　　常规下，备池塘
十来亩，最适量　　去杂草，挖淤泥　　洒石灰，除病菌
漂白粉，也常用　　可带水，可干施　　撒池底，耙均匀
用药量，计算精。

### 水

塘整好，再放水　　要过滤，防敌害　　蛙鼠蛇，要杀死
食幼蟹，不留情　　水源优，符要求　　污染水，勿停留
防感染，渠道分　　一边进，一边排　　施基肥，水质培
生物多，蟹饵广。

### 种

苗种健，是根本　　论来源，杂又多　　各品种，效果异
长江蟹，最正宗　　瓯辽蟹，常冒充　　选蟹种，心要细
仔细辨，认真看　　先查病，再查残　　附肢全，无早熟
规格齐，斤八十。

### 饵

养好蟹，很简单　　喂饱食，不殆慢　　饵料广，容易得
吞食快，有点贪　　死鱼虾，可作饵　　活田螺，最适宜
植物饵，瓜果桃　　颗粒饵，效果好　　投喂技，要记牢
两头粗，中间精。

### 草

蟹大小，看水草　　足见得，草重要　　种苦草，最适宜

伊乐藻，不可少　　诱生物，供活饵　　调水质，是一宝
盛夏时，可遮阴　　蟹蜕壳，可隐藏　　生物链，最重要
缺了它，效益差。

## 密

密养蟹，个头小　　口感差，价格滑　　过度稀，质虽好
产量低，效益孬　　故密度，很重要　　量适宜，利润好
亩八百，最适宜　　技术好，可达千　　大水面，亩二百
优规格，胜品质。

## 混

单养蟹，风险高　　若保险，混养好　　据特性，选品种
吃蟹草，要弃掉　　生态灶，不重复　　花白鲢，最简单
银鲫鱼，最常见　　蟹鳜混，蟹鲌蚌　　套养虾，稻蟹作
多品种，效益高。

## 防

君若问，防什么　　听我言，你知晓　　七大防，记心脑
一防逃，很重要　　二防病，莫轻视　　三水质，要清新
四异常，及时防　　五防偷，减损失　　六防汛，毁堤埂
七早熟，放心上。

## 管

三分养，七分管　　渔事谚，蟹同理　　勤巡视，是大事
早中晚，各有异　　早巡塘，清残饵　　午巡塘，查长势
晚巡塘，蟹觅食　　清碎草，投活饵　　控水质，防逃跑
诸要事，均管好。

## 病

防蟹病，要上心　　先预防，后治病　　污染源，勿亲近
病死蟹，深坑埋　　蟹用具，消毒勤　　避敌害，杀病菌
生态防，效益显　　蟹生病，及时治　　判病因，选蟹药
严要求，慎搭配。

## 逃

秋风响，蟹爪痒　　生理逃，要预防　　防逃板，先建好
厚薄膜，也可靠　　上反檐，莫忘掉　　平日里，也防逃

进水口，很重要　　蟹逆水，逃技高　　堵鳝洞，防遁逃
各措施，预防好。

**捕**

蟹养成，要上市　　在水里，快捕起　　大水面，方法多
赶拦刺，是常技　　辅地笼，蟹捕完　　小池塘，操作强
地笼诱，捕蟹忙　　夜晚到，灯光照　　塘边蟹，莫溜掉
干塘捕，是绝招。

**市**

蟹卖钱，看品质　　质量好，价格高　　规格大，市场俏
同样货，不同价　　只因为，时间差　　蟹暂养，瞅时机
卖高价，提效益　　节假日，齐上市　　莫起哄，价格低
看机会，再出售。

三字经，千文技　　分类别，已详叙　　论要点，十三技
今抛砖，盼引玉　　诚希望，助友力　　若有误，请指示。

## 附录 B　河蟹养殖高产"十字"诀

勤劳致富奔小康　　河蟹养殖来帮忙　　若要蟹池产量高
十字口诀记心上　　水种饵草四要素　　混病管逃上规章
合理密度大规格　　及时起捕找市场　　科学饲养环环紧
字字句句不能忘　　具体实施要实际　　从放到收细思量

**水**

养蟹要素水为先　　水质水位和水源　　水源充足有保障
进排渠道两条线　　水位正常一米深　　盛夏加水避高温
水质偏碱要新鲜　　促进蜕壳常换水

**种**

养蟹成功靠蟹种　　长江蟹苗最正宗　　瓯蟹辽蟹早熟蟹
认真鉴别优劣种　　规格整齐体质壮　　每斤八十最适中
投放时间要抢早　　最好入池在深冬

**饵**

饵料讲究营养性　　合理搭配精和青　　投喂原则有"五定"

| "四看"技术要记清<br>每日投喂要新鲜 | 广辟饵源降成本<br>清晨残渣要除尽<br>草 | 天然饲料最省钱 |
| --- | --- | --- |
| 蟹大小,看水草<br>水中森林好处多<br>澄清水质省饵料 | 苦草聚草伊乐藻<br>盛夏遮阴降水温<br>提高品质抢市场<br>密 | 全池均匀分布到<br>蜕壳避敌将身藏 |
| 若要河蟹价格高<br>口感较差无人要<br>如果措施都到位 | 规格要大都知道<br>因此密度要把关<br>八百放养不宜超<br>混 | 密度过千成蟹小<br>每亩六百比较好 |
| 混养提高生产力<br>效益最好是青虾<br>鲌鱼已呈后起秀 | 合理品种是前提<br>如今科技大发展<br>混养套养都适宜<br>管 | 合适鱼虾都可混<br>鳜蟹混养赶时机 |
| 管是生产一大难<br>顺便查查防逃板<br>及时杀灭天敌害 | 抓好要领也不烦<br>监测水质是大事<br>蛇蛙鼠虫把病患<br>病 | 一日三巡河蟹塘<br>石灰常施促高产 |
| 河蟹生病在水中<br>人人见了头都痛<br>平时多施生石灰 | 及时预防重中重<br>预防措施千万条<br>硝化细菌也用到<br>逃 | 一旦生了抖抖病<br>水质清新最重要 |
| 河蟹养殖要防逃<br>有机玻璃代价高<br>平时多查塘埂洞 | 各种措施要做好<br>最宜选用防逃板<br>鳝洞虾洞蟹也跑<br>捕 | 塑料薄膜最简单<br>性价比例差不了 |
| 一年辛苦看结果<br>以免压塘难出手<br>灯光照捕很科学 | 蟹在塘中及时捕<br>地笼张捕最省事<br>干塘捉捕算总账 | 首先算好出塘日<br>大小水面都适宜 |

今日小作十字诀　　希望抛砖可引玉
只要兄弟发大财　　本人心愿已足矣

注：五定即定时、定点、定质、定量、定人。

四看即看天气、看水质变化、看河蟹摄食及活动情况、看生长态势。

### 附录 C　常见计量单位名称与符号对照表

| 量的名称 | 单位名称 | 单位符号 |
| --- | --- | --- |
| 长度 | 千米 | km |
| | 米 | m |
| | 厘米 | cm |
| | 毫米 | mm |
| 面积 | 平方千米（平方公里） | km² |
| | 平方米 | m² |
| 体积 | 立方米 | m³ |
| | 升 | L |
| | 毫升 | mL |
| 质量 | 吨 | t |
| | 千克（公斤） | kg |
| | 克 | g |
| | 毫克 | mg |
| 物质的量 | 摩尔 | mol |
| 时间 | 小时 | h |
| | 分 | min |
| | 秒 | s |
| 温度 | 摄氏度 | ℃ |
| 平面角 | 度 | (°) |
| 能量，热量 | 兆焦 | MJ |
| | 千焦 | kJ |
| | 焦［耳］ | J |
| 功率 | 瓦［特］ | W |
| | 千瓦［特］ | kW |
| 电压 | 伏［特］ | V |
| 压力，压强 | 帕［斯卡］ | Pa |
| 电流 | 安［培］ | A |

# 参 考 文 献

［1］占家智，羊茜．河蟹高效养殖技术［M］.北京：化学工业出版社，2012.

［2］占家智，羊茜．施肥养鱼技术［M］.北京：中国农业出版社，2002.

［3］占家智，羊茜．水产活饵料培育新技术［M］.北京：金盾出版社，2002.

［4］占家智，凌武海，羊茜．鱼病诊治150问［M］.北京：金盾出版社，2011.

［5］凌熙和．淡水健康养殖技术手册［M］.北京：中国农业出版社，2001.

［6］赵明森．河蟹养殖新技术［M］.南京：江苏科学技术出版社，1996.

［7］石文雷，陆茂英．鱼虾蟹高效益饲料配方［M］.北京：中国农业出版社，2007.

# 读者信息反馈表

亲爱的读者：

　　您好！感谢您购买《高效养蟹》一书。为了更好地为您服务，我们希望了解您的需求以及对我社图书的意见和建议，愿这小小的表格为我们架起一座沟通的桥梁。

| 姓　　名 | | 所从事工作、单位 | | |
|---|---|---|---|---|
| 通信地址 | | | 电　话 | |
| E- mail | | | QQ | |

1. 您喜欢的图书形式是

□系统阐述　□问答　□图解或图说　□实例　□技巧　□禁忌　□其他_____

2. 您能接受的图书价格是

□10～20 元　□20～30 元　□30～40 元　□40～50 元　□50 元以上

3. 您认为该书采用双色印刷是否有必要？

○是　○否

4. 您觉得该书存在哪些优点和不足？

5. 您觉得目前市场上缺少哪方面的图书？

6. 您对图书出版的其他意见和建议？

您是否有图书出版的计划？打算出版哪方面的图书？

　　为了方便读者进行交流，我们特开设了养殖交流 QQ 群：127963720，欢迎广大养殖朋友加入该群，也可登录该群下载读者意见反馈表。

　　请联系我们——

　　地　　　址：北京市西城区百万庄大街 22 号　机械工业出版社技能教育分社（100037）

　　电　　　话：（010）88379761　88379080

　　传　　　真：68329397　E-mail：12688203@ qq. com

书号：978-7-111-45742-8
定价：25.00 元

书号：978-7-111-51285-1
定价：29.80 元

书号：978-7-111-46718-2
定价：19.80 元

书号：978-7-111-43448-1
定价：25.00 元

书号：978-7-111-55114-0
定价：20.00 元

书号：978-7-111-51052-9
定价：29.80 元

# 书　目

| 书　名 | 定　价 | 书　名 | 定　价 |
|---|---|---|---|
| 高效养土鸡 | 29.80 | 高效养肉牛 | 29.80 |
| 高效养土鸡你问我答 | 29.80 | 高效养奶牛 | 22.80 |
| 果园林地生态养鸡 | 26.80 | 种草养牛 | 39.80 |
| 高效养蛋鸡 | 19.90 | 高效养淡水鱼 | 29.80 |
| 高效养优质肉鸡 | 19.90 | 高效池塘养鱼 | 29.80 |
| 果园林地生态养鸡与鸡病防治 | 20.00 | 鱼病快速诊断与防治技术 | 19.80 |
| 家庭科学养鸡与鸡病防治 | 35.00 | 鱼、泥鳅、蟹、蛙稻田综合种养—本通 | 29.80 |
| 优质鸡健康养殖技术 | 29.80 | 高效稻田养小龙虾 | 29.80 |
| 果园林地散养土鸡你问我答 | 19.80 | 高效养小龙虾 | 25.00 |
| 鸡病诊治你问我答 | 22.80 | 高效养小龙虾你问我答 | 20.00 |
| 鸡病快速诊断与防治技术 | 29.80 | 图说稻田养小龙虾关键技术 | 35.00 |
| 鸡病鉴别诊断图谱与安全用药 | 39.80 | 高效养泥鳅 | 16.80 |
| 鸡病临床诊断指南 | 39.80 | 高效养黄鳝 | 25.00 |
| 肉鸡疾病诊治彩色图谱 | 49.80 | 黄鳝高效养殖技术精解与实例 | 25.00 |
| 图说鸡病诊治 | 35.00 | 泥鳅高效养殖技术精解与实例 | 22.80 |
| 高效养鹅 | 29.80 | 高效养蟹 | 29.80 |
| 鸭鹅病快速诊断与防治技术 | 25.00 | 高效养水蛭 | 29.80 |
| 畜禽养殖污染防治新技术 | 25.00 | 高效养肉狗 | 35.00 |
| 图说高效养猪 | 39.80 | 高效养黄粉虫 | 29.80 |
| 高效养高产母猪 | 35.00 | 高效养蛇 | 29.80 |
| 高效养猪与猪病防治 | 29.80 | 高效养蜈蚣 | 16.80 |
| 快速养猪 | 35.00 | 高效养龟鳖 | 19.80 |
| 猪病快速诊断与防治技术 | 29.80 | 蝇蛆高效养殖技术精解与实例 | 15.00 |
| 猪病临床诊治彩色图谱 | 59.80 | 高效养蝇蛆你问我答 | 12.80 |
| 猪病诊治160问 | 25.00 | 高效养獭兔 | 25.00 |
| 猪病诊治一本通 | 25.00 | 高效养兔 | 35.00 |
| 猪场消毒防疫实用技术 | 25.00 | 兔病诊治原色图谱 | 39.80 |
| 生物发酵床养猪你问我答 | 25.00 | 高效养肉鸽 | 29.80 |
| 高效养猪你问我答 | 19.90 | 高效养蝎子 | 25.00 |
| 猪病鉴别诊断图谱与安全用药 | 39.80 | 高效养貂 | 26.80 |
| 猪病诊治你问我答 | 25.00 | 高效养貉 | 29.80 |
| 图解猪病鉴别诊断与防治 | 55.00 | 高效养豪猪 | 25.00 |
| 高效养羊 | 29.80 | 图说毛皮动物疾病诊治 | 29.80 |
| 高效养肉羊 | 35.00 | 高效养蜂 | 25.00 |
| 肉羊快速育肥与疾病防治 | 35.00 | 高效养中蜂 | 25.00 |
| 高效养肉用山羊 | 25.00 | 养蜂技术全图解 | 59.80 |
| 种草养羊 | 29.80 | 高效养蜂你问我答 | 19.90 |
| 山羊高效养殖与疾病防治 | 35.00 | 高效养山鸡 | 26.80 |
| 绒山羊高效养殖与疾病防治 | 25.00 | 高效养驴 | 29.80 |
| 羊病综合防治大全 | 35.00 | 高效养孔雀 | 29.80 |
| 羊病诊治你问我答 | 19.80 | 高效养鹿 | 35.00 |
| 羊病诊治原色图谱 | 35.00 | 高效养竹鼠 | 25.00 |
| 羊病临床诊治彩色图谱 | 59.80 | 青蛙养殖一本通 | 25.00 |
| 牛羊常见病诊治实用技术 | 29.80 | 宠物疾病鉴别诊断 | 49.80 |